文 科 物 理

主　编　刘　阳　黄淑芳

副主编　李海霞　魏　巧

　　　　余子洋　黄　河

北京大学出版社

PEKING UNIVERSITY PRESS

内 容 简 介

本书介绍了基本的物理学知识体系和物理学发展过程中一些具有里程碑意义的重大发现,并结合物理学史,对部分物理学家的科学思想、科学方法和科学精神进行了比较全面的讲述。全书内容简明扼要,编写力求深入浅出,将专业性与通俗性集于一体。希望通过本课程的学习,能加强学生物理思想和人文精神的融合,培养并提高学生的科学文化素养和终身学习能力,从而使学生形成正确的世界观。

本书可供高等学校人文、管理、经济、艺术等文科学生使用,也可作为非物理专业理工科学生了解现代科技与物理学关系的通俗读物。

图书在版编目(CIP)数据

文科物理 / 刘阳,黄淑芳主编. — 北京:北京大学出版社,2024.3
ISBN 978-7-301-35082-9

Ⅰ. ①文… Ⅱ. ①刘… ②黄… Ⅲ. ①物理学 Ⅳ. ①O4

中国国家版本馆 CIP 数据核字(2024)第 106543 号

书 名	文科物理	
	WENKE WULI	
著作责任者	刘 阳 黄淑芳 主编	
责 任 编 辑	王剑飞	
标 准 书 号	ISBN 978-7-301-35082-9	
出 版 发 行	北京大学出版社	
地 址	北京市海淀区成府路 205 号 100871	
网 址	http://www.pup.cn	
电 子 邮 箱	zpup@pup.cn	
新 浪 微 博	@北京大学出版社	
电 话	邮购部 010-62752015 发行部 010-62750672 编辑部 010-62765014	
印 刷 者	湖南汇龙印务有限公司	
经 销 者	新华书店	
	787 毫米×1092 毫米 16 开本 8.5 印张 195 千字	
	2024 年 3 月第 1 版 2024 年 3 月第 1 次印刷	
定 价	36.00 元	

前　言

　　文科物理是高等学校一门重要的课程,在大学的基础教育中占有比较特殊的地位。帮助文科学生建立物理学的知识体系,提升科学素养和分析问题、解决问题的能力,培养正确的世界观和方法论,掌握科学的学习和思维方法,是文科物理课程教学的重要目标。

　　本书按照普通物理学的知识结构体系编排,内容上保证了基本物理体系的系统性和完整性,力求避免枯燥的概念和烦琐的公式,通过对物理学发展史上的一些重大发现过程,以及对有关著名科学家的科学思想、科学方法和科学精神的介绍,力图展现物理学所包含的丰富的人文内涵,挖掘创新思维和研究方法。作为补充,本书每章都精选了部分贴近实际应用的资料和优秀物理学家的事迹作为阅读材料,特别是第六章近代物理学简介,为开阔学生视野,使其了解近代物理学的前沿应用,在相应内容后又增加了一篇阅读材料。

　　本书以物理基础知识为载体,以课程思政为途径,及时将党的二十大精神融进物理课堂。从家国情怀、社会责任、科学精神等方面着眼,促进学生的科学素养与人文素养协调发展,注重在潜移默化中坚定学生理想信念、厚植民族自信,落实立德树人的根本任务。

　　本书由刘阳、黄淑芳担任主编,李海霞、魏巧、余子洋、黄河担任副主编。全书各部分内容的具体编写分工如下:第一、二章由魏巧、黄河编写,第三、四章由刘阳、吴锋编写,第五章由余子洋、熊伦编写,第六章由李海霞、余仕成编写。全书由黄淑芳负责统稿工作。

　　本书的出版,得到了北京大学出版社,学校教务处、学院相关领导以及大学物理课程组全体教师的大力支持,沈辉、谷任盟、滕京霖、易克提供了版式和装帧设计方案,在此一并表示衷心的感谢!

　　由于编写时间较紧,编者水平有限,书中疏漏和不足之处仍在所难免,敬请同人和师生提出宝贵的意见,以便再版时校正。

编　者

目　录

第一章
科学精神的起源

谈到科学的价值，人们心目中马上会浮现出科学给实际生活带来的好处。放眼望去，人类能够如此轻松便利地生活在这个世界上，无一不是科学的功劳，但如果我们仅仅将科学的价值局限在改善人类的生活上面，似乎偏离了科学的本性。科学自诞生之日起，就有着它更为超脱的目标，它是天生好奇的人类对大自然的探索。大自然看似纷繁复杂，背后却蕴含着规律，在寻找规律的过程中，各种科学技术应运而生，人类生活的大大改善似乎只是一段无心插柳柳成荫的过程。

人类社会有各种早期文明，每种文明都有其辉煌灿烂的文化。其中，在古希腊文明的延续下诞生了现代科学，这说明古希腊文明相对于其他的文明有其独到之处。古希腊人倾向于把观察的对象与自己分离开来，去探求和描绘外部世界的真实。这种求真的精神在他们的文学、绘画的发展过程中均有所体现，在探索自然规律的过程中更是体现得淋漓尽致。东西方文明的早期，都曾追寻过宇宙的结构和万物的本源，并且都给

出过各自的模型，但唯有受古希腊文明精神影响的欧洲在提出模型后，会用各种观测到的事实和数据去修正模型，以便能够反映真实。在探索现象和寻找规律之后，人们又会提出新的问题，来追究现象和规律背后的原因。勇于质疑、追求实证和逻辑都是科学的基本精神。

从科学的研究方法来看，科学研究一定是理性的、有逻辑的。逻辑可以带着科学一小步一小步地前进，但每次跨越式、革命式的进步，都离不开直觉的指引。科学家们所做的事情和艺术家其实非常类似，画家从被观察的对象中选取哪些是重要的，哪些是不重要的，然后再构图，呈现他眼中的真实。科学家在建构世界图景时，也会在复杂的现象中提取一部分，忽略掉另一部分。每门学科在提出基本概念，建立基本体系时都离不开直觉的指引；正是因为这一点，科学的每一次跨越都很艰难，支撑科学家们探索下去的除了智慧与胆识，还有情感与信念。接下来，我们将一起回顾物理学建立的过程，以从中领会科学的内涵和精神。

第一节 与生俱来的好奇心

人类是世界的一部分,在这个世界里,有浩瀚无垠的星空,有生机勃勃的动物、植物,也有能够觉察到这一切的人类的意识。

清晨,当我们睁开眼,窗外的微光扑入眼帘,小鸟的清啼声传入耳中,然后太阳升起,气温升高,树影斑驳,投在地面,风吹云动,水漾清波。又或许风云突变,电闪雷鸣,大雨过后,彩虹挂于天边。傍晚,夕阳西下,天色渐暗,月亮阴晴圆缺,周而复始。这些景象我们或许已经司空见惯,不以为意。但如果我们是孩童,或者是一位尚对世界懵懂无知的古人,体验一定会大不相同,我们会惊叹大自然的奇妙,在惊叹中冷静下来后也会思考:日出日落、月亮盈亏、繁星有序、四季交替、电闪雷鸣是怎么回事? 在不断的思考与追问中,天文学和物理学产生了。花朵为什么会有美丽的颜色? 水果为什么会有芳香的味道? 枯草为什么会燃烧? 烟雾又是怎么产生的? 对这些问题的探索,成了生物学和化学的起源。

亚里士多德在提到科学和哲学产生的原因时说道:“古往今来人们开始哲理探索,都应起于对自然万物的惊异;他们先是惊异于种种令人迷惑的现象,逐渐积累一点一滴的解释,对一些较重大的问题,例如日月星辰的运行以及宇宙创生做出说明。”

1897 年,艺术大师高更完成了一幅大型画作(见图 1.1),画的标题是 3 个震撼心灵的发问:我们从哪里来? 我们是谁? 我们到哪里去? 他的发问正是科学界公认的基本问题:宇宙是怎样起源的? 生命是怎样起源的? 人类的未来会怎样?

图 1.1 高更《我们从哪里来? 我们是谁? 我们到哪里去?》

第二节 世界是什么样的

一、远古神话

自然界经历了一个漫长的演化过程,人类不遗余力地想要还原这个演化过程。文明的早期，人们对世界的整体解释是充满神话色彩的，他们还分不清真实与想象，分不清现实与梦幻。他们感官灵敏，想象力丰富，在梦中见到死去的先人，就以为先人以某种形式依然存在，于是出现了灵魂的概念。在大自然面前，人类的力量非常弱小，因此对神秘的自然界充满了恐惧感。在神话和幻想中，人类经历了自己的史前时期。当然，神话不是科学，但神话跟科学的起源有不解之缘，神话寄托着人们对"为什么"的回答，代表着人类的早期想象力，而想象力是人类意识一次大的飞跃，我们不再像动物一样只是被动地感觉世界，而是开始主动地去认识和思考世界。

古希腊人的自然观也是神话自然观，但与中国的不同，古希腊神话中的神虽与人类相似，但两者有根本的区别，人会死，神不会。中国神话中，许多神本身也是人，如神农、后羿等。古希腊神话中的神和人有根本的区别，是不同于人的一种对象。自然界有别于人，它有自己运行的规律，它的规律和秩序是人可以把握的。这是一种物我两分的对象性思维，和东方思维中"天人合一"的思想有很大的不同。爱因斯坦认为，在主观世界之外，存在一个可以独立观测的外部世界，它是一切自然科学的基础。东、西方都有神话，图1.2所示为后羿射日雕像，图1.3所示为帕特农神庙。两种神话预示着两种不同的思维方式。

图1.2　后羿射日雕像

图1.3　帕特农神庙

二、泰勒斯 —— 万物源于水

西方历史上第一个自然哲学家是泰勒斯（见图1.4），他的生卒年无法准确考证，但泰勒斯曾预言过一次日食，利用现代天文学理论可以推算出某一个地区在历史上发生日食的时间，据此历史学家推测泰勒斯生活的年代是公元前580年左右。他出生于米利都（见图1.5）的一个名门望族，是古希腊当时的著名人物，被列为"七贤"之一，也曾担任过一些政务要职。他不仅机敏能干，善处政务，而且还懂得自然科学。他开创了西方哲学史上的第一个哲学学派 —— 米利都学派。在他的墓碑上刻着："这里长眠的泰勒斯是最聪明的天文学家，是米利都和爱奥尼亚的骄傲。"

图1.4　泰勒斯

图1.5　米利都遗址

泰勒斯年轻的时候曾游历过古埃及和古巴比伦,从那里学到了先进的天文几何知识。他常常观察星象。有这样一个故事,说泰勒斯夜里专注于观察天空,不小心掉到了井里,被人看见后,笑话泰勒斯热衷于天上的事情,却注意不到脚底的事情。从这个故事我们也可以看到哲学是超脱于现实的,没有对看似毫无实际意义的东西的关注,就没有哲学和自然科学。

泰勒斯曾提出"万物源于水"的观点。从表面上看,这句话并不正确,那些坚硬的岩石、虬曲的大树、奔腾跳跃的动物,怎么会源于水? 但仔细观察,一切生物都离不开水,植物需要水的浇灌才能生长,动物需要喝水才能生存等。从形态上讲,水可以凝结成冰,冰和岩石一样坚硬,水也可以变成水蒸气,滋养万物。以前人们依靠想象力来理解世界,泰勒斯则把他的世界图景建立在大量的观察基础之上,然后提炼出"水"作为万物之源。水是自然界中存在的物质,而不是任何精神性的东西,泰勒斯试图用自然界中的事物,而不是用非自然界中的事物来说明自然。而且这是一个普遍性命题,从具体、复杂、多样的现象中找出具有共性的东西,追究万物的共同本源,这是哲学思维的开始,也是科学的萌芽。

泰勒斯活跃于公元前 580 年左右,大概相当于中国的春秋时期。而几乎在同时代,中国的老子也提出了关于宇宙本源的观点,即"道生一,一生二,二生三,三生万物",他认为"道"是万物之源,缔造了天地万物。"道"是抽象的,道可道,非常道,它是组成事物的规律,也是事物的本源。中国有史可载的诸子百家争鸣和古希腊的灿烂文明几乎在同一个时期出现,对宇宙本源的认识也遥相呼应,一个具体,一个抽象。此后,古希腊文明和中华文明走向了不同的发展路径。

自泰勒斯以来,古希腊人开始用自然之物去说明自然现象,早期人们都把自然现象归结为自然界中的某一种物质,如水、火、气等。我们知道,自然界中既有水又有火,它们是两种不同的东西,凭什么水本质上是火,或者火本质上是水呢? 无论用哪一种单一的物质作为世界的本源,都不能令人完全信服。

三、原子论

科学史上极为重要的原子论是留基伯和德谟克利特(见图 1.6)这两位哲学家提出的。原子论主张世界是统一的,自然现象都可以得到统一的解释,但不是统一到某一个宏观的自然物,而是归结到更为微观的原子。把一个物体一分为二,再一分为二,是不是可以一直分下去呢? 原子论者认为不能,分割到最后,会有一个极限,这个极限就是原子。原子在古希腊语中就是不可再分割的东西。原子小到我们无法直接看见,但它是构成世间万物的基础。

那为什么世间万物又各不相同呢? 原子论回答说,这是因为组成它们的原子的形状、大小、数量不一样。这个回答看似普通,但意义非凡,世间万物之所以难以统一,是因为它们看起来有质的差别,但原子论把质的差别还原成量的差别,因此人们才能用数来描述世间万物。

图 1.6 德谟克利特

原子论在古希腊时代还是思辨的产物,虽然它还不是科学理论,但在科学史上有杰出的地位。物理学家费曼曾评论说,如果有一场大灾难毁灭了现代人类文明,而只允许留给后人一句话以使现代人类文明尽快地恢复,那么这句话就是:一切物质都是由原子构成的。这句话蕴含着丰富的信息,"原子"连通了世间万物,简化了世界,消除了生物和非生物的界限。原子论颇具洞察力,近代科学重新复兴了原子论,并在实验基础上构造了原子的结构。现在我们知道,原子里面有原子核、电子,原子核又有其内部结构,这一切都源于 2500 多年前古希腊哲学家的天才构想。

四、毕达哥拉斯学派 —— 数即万物

"数"被古希腊人赋予了神性的力量,推崇至极高的位置。毕达哥拉斯(见图 1.7)是西方

图 1.7　毕达哥拉斯

历史上著名的数学家和哲学家,他出生于公元前 580 年左右,曾向泰勒斯求学,后来在意大利讲学授徒,形成毕达哥拉斯学派。

毕达哥拉斯学派的主要贡献在数学方面,古希腊时代的数学包含算术、几何、天文、音乐。毕达哥拉斯定理广为人知,在我国被称为勾股定理。"勾三股四弦五"的规律许多民族很早就发现了,但其证明是毕达哥拉斯最先提出的。在音乐研究的基础上,毕达哥拉斯学派提出"数即万物"的思想,认为宇宙间的一切都可以用数加以计算,各部分之间的数量关系可以使实体世界具体化、精确化。人们在最能代表古希腊艺术精髓的雕刻、雕塑和建筑艺术中体验到的高度和谐与合理、均衡的数量关系密不可分。一言以蔽之,美的本质即在于数的和谐。毕达哥拉斯还认为,数学研究是净化灵魂的最佳方式,数学沉思是一种纯粹的,与争名逐利截然不同的生活方式,数学思想可以让人们超脱于世间纷扰,去思考世界的永恒秩序。他提出了"万物皆数"的学说,用理性的数来描绘世界,把自然界的秩序和数联系起来。这种哲学思想,使得包括哥白尼和爱因斯坦在内的许多自然科学家都在不断地追求事物之间的简单、有序与和谐的关系,定量地揭示自然界的规律,建立统一的理论,甚至对建筑、艺术等诸多领域都产生了深远的影响。

柏拉图也认为"事物有数的特性",虽然世界充满了变化和不完善,但它依然展现出秩序和目的。他赋予数学神圣和高贵,使数学研究得到了极大的发展,数学演绎的方法逐步建立,数学在自然科学的研究中变得举足轻重。柏拉图崇尚理性和美的理念观深深地影响着后世的科学家,"宇宙是和谐统一的"成了科学家们的普遍信仰。

17 世纪,牛顿完成了经典力学的大综合,他的科学巨著《自然哲学的数学原理》被称为当时物理学、数学的百科全书。牛顿曾谦逊地说:"我是站在巨人们的肩膀上才看得更远。"但其实很重要的一点是,牛顿具有同时代的人无法匹敌的数学才能。他除了能够全面地驾驭欧几里得几何学,还发明了威力巨大的数学工具 —— 微积分,运用公理化体系使原先分散的研究有了内在关联,从而完成了经典力学的大综合。

在电磁学的研究过程中,19 世纪英国物理学家法拉第提出了"场"的概念。但遗憾的是,由于他没有高深的数学知识,因此没能完成电磁学的大综合。最后完成电磁学大综合的是物理学家麦克斯韦(见图 1.8),他把法拉第对电磁场的直觉表达翻译成定量的数学方程式。1873 年,麦克斯韦的科学巨著《电磁通论》问世,书中以几个简洁优美的微分方程,揭示了电磁学的种种奥秘。

图 1.8 麦克斯韦及麦克斯韦方程组

曾有人问物理学家伦琴"科学家需要有什么样的修养",伦琴非常坚定地说,第一是数学,第二是数学,第三还是数学。从牛顿经典力学的建立,到爱因斯坦相对论的创立,再到杨振宁-米尔斯场理论的确立,物理学每一次突破性的进步,数学都立下了汗马功劳。尤其是20世纪以来,数学已经成为物理学研究的一种基本工具,两者之间存在着内在的统一。

五、柏拉图 —— 理念的世界

雅典学术在柏拉图时代走向系统化。柏拉图出生于雅典的名门世家,从小就受到了优良的教育。他是苏格拉底的学生之一,柏拉图留下的众多对话,大都以苏格拉底为主要角色。苏格拉底去世后,柏拉图离开雅典,周游世界,十年后回到雅典,开设柏拉图学园,招生讲学,促进哲学的发展。柏拉图在学园门口设有"不懂几何者不得入内"这一牌匾,表明他对数学非常重视。拉斐尔的画作《雅典学院》(见图1.9)生动地展现出了当时浓厚的学术氛围。

图 1.9 拉斐尔的画作《雅典学院》

柏拉图相信真实的实在不是我们日常所见所感,而是"理念"。理念先于一切感性经验,是超越性的存在。理念的世界是真实的、不变的,它不依赖于时空,也无法感觉和把握,永恒且完美,是世界的本质。而人类感官所能把握的现象世界,是变化多端且脆弱的,是世界的表象。现实中的桌子都或多或少有缺陷,它们不足以代表真实的桌子,只有理念的桌子才是完美无缺的。日常世界是理念世界不完善的摹本,在诸多事物中,数学的对象更具有理念的色彩,所以他认为"万物皆理"。人类通过感官无法把握世界的本质,但通过心灵和智力可以把握。在柏拉图学园中,数学得到了极大的发展。现代相对论和量子理论也告诉我们,世界的确比我们靠感官感觉到的更为广阔。人类通过感官认识世界,但同时感官也局限了我们。因此,我们应该依靠理性从现象中抽象出规律,抽象出数学。量子理论用数学语言告诉我们,一旦我们想要去认识世界,世界便由丰富的、多元的状态坍缩为一个单一的、确定的状态,也就是我们的感官所能把握的世界,它只是真实世界的一个投影。

六、亚里士多德 —— 吾爱吾师,吾更爱真理

柏拉图的理念世界超凡脱俗,他的弟子亚里士多德(见图1.10)则比较接地气。他创立了与他的老师不同的哲学体系,这曾令柏拉图非常难过和失望,但亚里士多德留下了一句名言:"吾爱吾师,吾更爱真理。"

图 1.10　亚里士多德

亚里士多德是一位百科全书式的人物,他留下了大量的著作,内容遍及自然科学和社会科学的各个领域。他的老师柏拉图强调理念与思想,亚里士多德则强调经验、观察与实验。亚里士多德认为,事物的本质就蕴含在事物之中,并不存在一个脱离实物而单独存在的理念世界。事物本身既包含了形式,又包含了本质。因此,亚里士多德重视经验考察,关注人类生活的世界,希望能在现实世界中找出事物的本质;他相信自然界是有规律的,而这个规律是独立于人的,人可以通过观察来发现并掌握这个规律,他把研究规律的这个学问叫作物理学。他靠着逻辑推理讨论了研究"自然"时会涉及的问题,如运动、无限、时间与空间等,认为地上的万物均由土、水、火、气四种元素组成,天上充满了轻盈透明的"以太",明确提出了宇宙的地心说。虽然这些观点在今天看来未必正确,但在科学启蒙上依然有着很大的价值。亚里士多德的体系与今天的理论相差甚远,但正是他对自然的摸索,教会了后来人们有条理地思考、分类、批判和观察现象。

古代世界有多个文化分支,但少有像古希腊人那样对近代文明产生如此巨大的影响。他们热爱自由,热爱生活,崇尚理性和智慧,充满探索真知的热情。他们创造了一种全新的精神,而现代文明正是从这种精神中孕育而来的。

亚里士多德指出了古希腊学术的两个重要特征:一是出自惊异,纯粹为求知;二是以闲暇为条件。他提出,不论现在,还是最初,人都是由于好奇而开始哲学思考,开始是对身边所不懂的东西感到奇怪,继而逐步前进,对更重大的事情产生疑问,例如月相的变化,太阳和星辰的变化,以及万物的生成。一个感到疑惑和好奇的人,就会觉得自己无知。如若人们为了摆脱无知而进行哲学思考,那么,很显然他们是为了求知而追求知识,并不以某种实用为目的。古希腊人发展科学和哲学,并不是为了实用,而纯粹是出于对智慧的热爱。

第三节 宇宙的结构

一、地球是宇宙的中心吗

星空美丽而神秘,惹人赞叹,引人遐想。人类在很早的时候,就开始观察天空的变化,观察星空和气候之间的关系,甚至认为星空预示着人间的很多秘密,占星术就是由此发展而来的。这些神秘的关系尽管可以被人们所理解,但是却没有足够多的事实和严密的理论证明,因此我们说它不属于科学。天文学则循着观测—理论—观测的发展路径,不断把人的视野扩展到宇宙的深处。接下来我们看一看天文学作为一门科学的发展过程。

公元前 500 年左右,古希腊的毕达哥拉斯第一次提出地球是一个圆球。以前人们只有大地的概念,地球的概念由他第一次提出。这个概念在我们今天看来没什么了不起,但放到2500 多年前,是非常难得的。即使在今天,有些没有受过科学教育的人依然不能够理解大地是球形的。因为依据直观的经验,如果地球是球形的,那么地球对面的人是倒悬的,随时会"掉下去"。人们更容易接受的是"天圆地方"学说,天在上、地在下,天地有别。地球概念的提出打破了天、地之间的差别,使地球成为天体中的一员。他还进一步提出整个宇宙也是一个球体,星体被镶嵌在不同的同心球面上运动。这种地球-天球的宇宙论模式为古希腊天文学奠定了基础。

自毕达哥拉斯以来,地球-天球的两球宇宙模型一直是古希腊宇宙模型的基础。亚历山大有两位著名的学者进一步丰富了这一概念。其中一位是埃拉托色尼,他大约生于公元前275 年,兴趣广泛、博学多闻。他最著名的成就是用几何学的方法测定地球的大小。假定地球是一个球体,那么,同一时间在地球上的不同地点,太阳光线与地平面的夹角不同,只要测出这个夹角的差和两点的距离,就可以算出地球的周长。据此,他算出的数值约为 25 万希腊里(约 4 万千米),这与如今测得的地球周长相差无几。

另一位是希帕克斯(见图 1.11),他大约生于公元前 190 年,他的卓越贡献是把平面三角推广到球面上去,创立了球面三角这个数学工具,使天文学从定性走入定量。另外,他还创立了本轮-均轮模型(见图 1.12)。行星有自己转动的小圆,叫作本轮,本轮的中心在一个大圆上以地球为中心转动,这个大圆叫作均轮。利用这个模型可以解释行星亮度的变化。两位学者均立足于经验观测和理性判断,丰富了地球-天球的模型。

图 1.11　希帕克斯

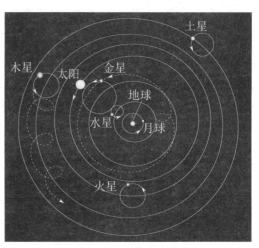

图 1.12　本轮-均轮模型

　　近代人最熟悉的古代天文学家是托勒密(见图 1.13)，他大约生于公元 90 年，托勒密系统总结了前人的优秀成果，写出了著名的著作《天文学大成》。在这本书中，他给出了地心体系的基本构造，即地球是球形的，处在宇宙的中心，其他诸星体镶嵌在各自天球上，绕地球转动。他利用本轮-均轮模型分别讨论了五大行星的运动，并用一系列观测事实论证了这个模型。

图 1.13　托勒密

　　仔细观看夜空，会发现有几个天体和其他的略有不同，大部分天体的运动都是从东往西，但有些天体，比如火星，它大部分时候从东往西运动，有时候又从西往东(叫作逆行)，它并不像其他天体一样一直沿同一方向运动。后来，人们又发现不只火星有逆行，土星、木星也有逆行，只不过不那么显著。托勒密利用本轮-均轮模型很好地解释了这一现象。当天体绕着均轮运动的方向，和它所对应的本轮的运动方向相反时，就会观测到短暂的逆行现象。如果不借助望远镜进行精细的位置观测，托勒密的模型和实际的观测数据相当契合。因此，地心说为人们广泛接受。

　　托勒密的天文学著作经阿拉伯学者之手而广为欧洲所知之后，在欧洲保持了长时间的影响力，至少延续到 16 世纪，期间人们所做的事情就是发展托勒密的工作。文艺复兴之后，人类的观测技术有了进展，望远镜出现后，天空被"放大了"。人们发现，本轮-均轮模型理论和实际上的位置稍微有一些小偏差。从理论上讲，本轮可以不断增加，以求得更高的精度，有些天文学家正是这样做的。但其缺点也是显而易见的，那就是过于烦琐。之后，哥白尼在《天球运行论》中放弃了这种解释，改用了更为简洁的日心说。

二、简洁的日心说

　　哥白尼日心说的建立深受欧洲文艺复兴运动的影响。文艺复兴运动起源于意大利，但在 14～16 世纪迅速地席卷了整个欧洲。活字印刷术的发明使文化作品迅速地传播，一改欧洲知识界的颓废僵化的面貌，燃起了人们探索自然界的新热情。文艺复兴运动的主要精神是"人文主义",达·芬奇、米开朗琪罗等文艺复兴时代的大师在艺术作品中表现人性而不是神性。通常认为文艺复兴运动的主要成就在文学和艺术方面,但纵观整个人类历史,它也为近代科学的兴起铲平了道路,打开了人们的心胸和眼界。倘若没有文艺复兴运动,科学很难摆脱神学的束缚。所以,文艺复兴运动意义深远,在它的影响之下,人性和理性得到重视。由哥白尼发动的天文学领域的革命,是近代科学革命的第一阶段。

哥白尼(见图1.14)于1473年出生在波兰,23岁时来到文艺复兴的发源地意大利,先后攻读法律、医学和神学。他深入钻研了古希腊自然哲学著作,对托勒密理论提出了质疑。1506年,他回到波兰,开始构思他的崭新的宇宙体系。托勒密体系给出的宇宙结构,既没有充分理由证明是绝对正确的,对现象的解释也不尽如人意,还有其他的解决方案吗?哥白尼把他的新思想写成一部名为《天球运行论》的巨著(图1.15所示为相应手稿),共有六卷。书中大致叙述了日心说的由来和思想,他大胆地把观察行星轨道的视点从地球移到太阳,结果发现,如果我们把太阳放到宇宙中心,事情可以变得简单很多,不仅解决了火星逆行的问题,而且其他行星的位置仍然能被预言得很好。哥白尼迅速意识到此书出版的危险性,踌躇30余年,直到1543年才终于出版此书。这本书向人们描绘了一个全新的宇宙体系,至于这本书的深远意义,是哥白尼远远没有料到的。

图1.14 哥白尼

图1.15 《天球运行论》手稿

哥白尼日心说的基本观点如下:(1)地球并不是宇宙的中心,而仅仅是月球运行的中心;(2)太阳处于宇宙的中心位置,并且所有天体都绕太阳运转;(3)地球不但自转,而且绕着太阳公转;(4)行星的不规则运动并非其自身运动,而是来自地球运动的视效应,天体的视运动均源于地球的运动。

基于科学和常识,人们对日心说提出质疑。首先,如果地球以如此大的速度自转,它为什么没有分崩离析?其次,如果地球以如此大的速度公转,为什么地球上的物体没有被抛在后面?最后,如果地球相对于恒星(此处指除太阳外的其他恒星)运动,那么应该会观察到恒星的周年视差,事实上从来没有观察到。但日心说的反对者也承认哥白尼的日心体系简单又和谐,托勒密的地心体系必须用80多个圆来解释天体的运动,而哥白尼的日心体系仅用34个圆就能解释,哥白尼提供了一种"最简单"的方案,使得天文学上的测算更加明晰。

哥白尼的日心说把宇宙中心位置给予了太阳这个最大最亮的光和热的赠送者。"人们就在这种秩序的安排的背后,发现了宇宙中令人惊异的对称性,以及在运动和轨道大小之间呈现出的清晰的和谐性。"德国著名诗人歌德评论道,"哥白尼的学说撼动人类意识之深,自古无一种创见、无一种发明可与之相比。当大地是球形被哥伦布证实以后不久,地球为宇宙主宰的尊号也被剥夺了。"

三、开普勒为天空立法

哥白尼的日心说使理论和计算更加简化,但在精度上并不那么理想,甚至还不及地心说,最后为天空立法的是德国天文学家开普勒。开普勒深信,世界是依照完美的数的原则创造的,在世界上必定存在着更多的可以发现的数学和谐,他以极大的热情去领悟和揭示这些更深刻的数学和谐。幸运的是,开普勒不仅拥有数学天赋,他还遇见了实践家第谷(见图 1.16),第谷一生不厌其烦地精确观测、记录行星的运动。开普勒是第一个公开支持哥白尼学说的天文学家,并以一种"令人难以置信的如痴如醉的喜悦"欣赏这一理论的美妙,但第谷观测的数据告诉他,哥白尼的轨道与数据之间有微小偏差。这种微小偏差,大多数人会当作观测误差忽略,但开普勒相信第谷观测的准确性。他说,在这个偏差上,我迟早会建立一个宇宙理论。16 年后,他找到了答案:行星做的不是圆周运动,而是椭圆运动。偏差没有了,其他的数据也吻合得非常好。

图 1.16　第谷与开普勒

开普勒的理论指出,行星不是在以太阳为中心的圆上运动,而是在一个以太阳为焦点的椭圆上运动。太阳处在这个椭圆的一个焦点上,而另一个焦点上没有任何东西。行星的轨道是稍微有一点点扁的椭圆。椭圆也是优美的,具有对称性,符合古希腊先哲和开普勒的信念。

开普勒深信所有行星遵从共同的行为准则,经过严密的计算后,它将椭圆轨道推广到所有的行星。于是得到第一个行星运动定律——开普勒第一定律:所有行星分别在大小不同的椭圆轨道上运动,太阳处于轨道的两个焦点之一上。哥白尼日心说体系中的复杂结构被废除了,只剩下寥寥几个椭圆形轨道,各个行星轨道的具体形状也稍有不同。因为轨道的偏心率都很小,所以行星轨道可以近似视为圆形——这也是古人长期视行星运动为圆周运动的原因。开普勒第一定律给我们提供了一幅行星运动的极为简单的图像。

开普勒第一定律告诉我们某颗行星的一切可能位置，却没有告诉我们它在什么时候处于这些位置上，也没有告诉我们它沿轨道运动的速度大小的变化情况。凭着刻苦工作和智慧，在少有人理解和支持的情况下，开普勒顽强地苦战 9 年之久，从浩如烟海的数据中总结出了开普勒第二定律，又称面积定律：在相等时间里，行星径矢在其轨道平面上所扫过的面积相等。像做"数学游戏"一样，经过反复试探，开普勒又找到了开普勒第三定律：行星公转周期的平方与其椭圆轨道的半长轴的立方成正比。这三个定律统称为开普勒定律，如图 1.17 所示。

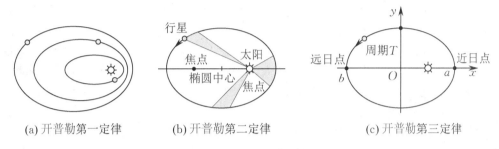

(a) 开普勒第一定律　　(b) 开普勒第二定律　　(c) 开普勒第三定律

图 1.17　开普勒定律

开普勒定律是一个十分重要的自然定律，由此可以确定太阳和它周围的天体是一个有秩序的系统——我们称之为"太阳系"。正是对"宇宙统一和谐"的信念，支撑着科学家们从事漫漫无期的研究工作。

开普勒定律一经确立，就成了天空世界的"法律"，所以后世尊称开普勒为"天空立法者"。开普勒在研究的时候坚持用数学的方法，这为后人指明了研究方向。牛顿后来正是沿着这个方向建立了经典力学体系。

开普勒解释了观测到的现象，但并不能够解释为什么天体做椭圆运动而不做圆周运动，所以当时很多人对开普勒定律半信半疑。后来，牛顿用牛顿运动定律和万有引力定律回答了这个问题，使我们对天体运动的认识更为理性。

天空一定是开普勒描绘的这个样子吗？我们不能百分之百地回答，至少在目前的知识水平上是这样的。也许以后我们会有更深刻的发现，需要修正我们的理论。尽管如此，我们不能说现在的认识是肤浅的、没有价值的。正如我们去评价古希腊人的理论，去评价托勒密的地心说、哥白尼的日心说一样，他们的理论都代表了当时人们对自然界的最高认识，尽管需要修正，但仍然是非常好的科学理论。这也正是科学的魅力，新的数据与任何已知的理论都有可能发生冲突，科学知识不是绝对的，好的科学总是暂时性的、非教条的，所有的理论都应依赖于证据。

我们常常会有一种误解，认为只要是科学的，就一定是好的。这种心态反而会妨碍我们去理解科学理论的真正价值。理论不是绝对可靠的，这正是科学的力量而非其弱点。爱因斯坦曾说道："我竭力告诫自己要蔑视权威，命运却使我成了权威。"如果我们的文化里有笃信某一权威或相信某一绝对真理的偏好，势必会从中生长出教条主义和僵化的思想。

第四节　科学的人文精神

最初,人们试图用科学来解释自然,用人文来歌颂自然。前者以理性为基础,后者则建立在感性之上,但两者都想寻求对自然界的理解及精确表达。科学一开始就具备表达"理想人性"的人文含义。在古希腊人的世界观里,自由的关系也称为审美的关系,而实现这种自由的方式是理性或者被称为科学,因此科学从一开始就不是功利的。为培养具有理想人性的人,古希腊在教学中讲授语法、修辞、逻辑、算术、几何、天文、音乐这七门课程。前三门被称为使语言达到完美的课程,算术、几何和天文帮助人们定量地了解宇宙万物,音乐的和谐则使人的心灵得到净化,成为合法合理的人,因此具备这些知识是人性中不可缺少的一部分。由此可见,在历史渊源与终极诉求上,科学与人文具有同一性。

查里斯·帕希·斯诺是 20 世纪的一位英国物理学家、小说家。他深感科学家和人文学者在文化上的隔膜。1959 年,他在剑桥大学发表了题为《两种文化与科学革命》的演讲。斯诺在演讲中指出:"当今社会存在着两种相互对立的文化,一种是人文文化,一种是科学文化。"两种文化之间几乎老死不相往来。斯诺说:"一极是人文学者,另一极是科学家,特别是有代表性的物理学家。两者之间存在着互不理解的鸿沟,有时还互相憎恨和厌恶,当然大多数是由于缺乏了解。他们都荒谬地歪曲了对方的形象。""非科学家有一种根深蒂固的印象,认为科学家抱有一种浅薄的乐观主义,没有意识到人的处境。而科学家则认为,人文学者都缺乏远见,特别不关心自己的同胞,深层意义上是反知识的,热衷于把艺术和思想局限在存在的瞬间。"

斯诺所说的两种文化,其内涵是:由于认知及实践的诸多不同,科学家和人文学者之间相互不理解、不交流,久而久之,大家或者老死不相往来,或者相互瞧不起。斯诺希望两种文化之间多沟通、多了解,逐渐缩小差异和鸿沟,缓和两个群体的关系。

斯诺说,我们需要有一种共有文化,科学是其中不可或缺的,我们应当把科学视作整个心灵活动的一部分。大多数学者都只了解一种文化,因而使我们对现代社会提出错误的看法,对过去进行不适当的描述和赞美,对未来做出盲目的估计。他深刻地认识到科学活动的人文价值,认为文化分裂的原因是人们对专业教育的狂热推崇和社会模式的僵化,改变这种状况的唯一出路是反思我们的教育,探寻科学的人文意蕴。

科学有其人文属性,许多杰出的科学家都反对用功利主义的态度看待科学,他们深知科学的发现和创造也是科学家审美和价值观的体现。庞加莱指出,物理学家研究一种现象,绝不是等到物质生活的急迫需要逼近时才开始着手。如果 18 世纪的物理学家认为电没有实际利益而轻视对它的研究,那么 20 世纪也就不会出现电报、电话等各种电信技术。他说:"我们也许从未对天狼星施加任何影响,难道我们能够以此为借口责怪对天狼星的研究吗?相反,依我之见,认识才是目的,而行动则是手段 …… 物质福利之所以有价值,恰恰在于它能使我们得到自由,全神贯注地致力于理想事业。"在科学家的心目中,科学自有其深邃的人文理想,而非仅服务于功利性的目标。科学技术提高了人类社会的生产力,创造了巨大的物质财富,改善了人类的生存条件,但这一切是一个无心插柳柳成荫的过程。

生物学家派德勒曾这样描述他对物理学家的看法："作为生物学家,我以前认为物理学家都是头脑冷静、思路清晰、不易动感情的男男女女,他们以一种冷静的、局外人的眼光居高临下地看待自然,把落日的光辉分解成波长和频率;他们是一帮观测者,把结构精巧的宇宙撕成死板形式的成分。我的错误是巨大的。于是,我开始研读有着传奇大名的人——爱因斯坦、玻尔、薛定谔、狄拉克的著作。我发现,他们并不只是冷静的局外人,还是一些情感丰富、颇具诗意的人。他们所想象的东西是那么巨大、那么新奇,以至我所谓的'超自然的东西'相形之下显得几乎平淡无奇了。"如果我们将物理学置于人类文化的历史长河之中,它展示给人们的就不仅有宇宙运行的客观规律,还有饱含了理性与激情、逻辑与审美、事实与信仰的人类智慧。

人们以各自的方式体验和追求美。在科学家们的创造和他们对大自然的极致体验中,也能找到美的痕迹。

杨振宁说:"我们知道自然界是有序的,我们渴望去理解这种秩序,因为过去的经验已经告诉我们:我们越是研究下去,就越能理解物理学广阔的新天地,它们是美的,有力量的。"庞加莱说:"我们所做的工作,与其说像庸人认为的那样,我们埋头于此是为了得到物质的结果,倒不如说是我们感受到审美情绪,并把这种情绪传达给能体验到这种情绪的人。"

理性之美的本质特征是简单、对称与和谐(见图 1.18),与我们自然界的规律相呼应。

(a) 多叶芦荟　　　　　　　　　　　(b) 雪花

图 1.18　自然界中的简单、对称与和谐

从表面上看,大自然变幻莫测,然而背后隐藏的规律却是简单的。14 世纪英国学者奥卡姆认为,对给定现象最好的解释,通常是最简单、假设最少的那个,这个原理被称为"奥卡姆剃刀原理",它可以说是科学上最有影响力的美学原理。在经典力学中,牛顿的万有引力定律是简洁的典范。它形式简单,却可以将天上、地下的所有物质运动做统一而精确的描述,给人们展现了一幅清晰、完整的运动图像。在现代物理学中,爱因斯坦的相对论则是最简洁优美的。爱因斯坦基于两个基本假设建立了狭义相对论,在此基础上,再加上一条等效性原理,又建立了广义相对论。科学诞生之后,理论表述的简单性就成了科学家心中对美的追求。从本质上说,是一种高超的审美鉴赏力指引着科学家们的猜测,借助这种鉴赏力,在实验之前就能做出直觉的判断。

在自然界中,对称性随处可见,有物质形态的对称性,亦有运动表现出来的对称性。物理理论所揭示的对称性,是自然界和谐有序的一种表现。因此,理论的美常常与它们的对称相联系。后来宇称不守恒定律打破了这种稳定的对称,人们逐渐认识到对称性只是反映了自然美的一个方面,真实的世界是对称与对称破缺的统一。对称决定物体的运动方程,而对称破缺决定物体之间的相互作用。李政道说:"对称的世界是美妙的,而世界的丰富多彩又常在于它不那么对称。有时,对称性的某种破坏,哪怕是微小的破坏,也会带来某种美妙的结果。"

毕达哥拉斯最早提出"美是和谐与比例",他心目中的宇宙就是一种和谐的数。据说他发现了黄金分割比例,直到今天,那些残存下来的古希腊神庙,它们的黄金分割比建筑依然令人动容。海森伯在《精密科学中美的含义》中指出:"美是各部分之间以及各部分与整体之间固有的和谐。"哥白尼否定托勒密体系很重要的一个原因就是,他认为托勒密体系不符合和谐的审美标准。

科学家在面对被自己揭示出的自然界的秩序与规律时,会体验到人与自然最深刻的关系,这种体验带来了一种至高无上的美感,它普遍存在。因此,科学家们进行科学研究,并不仅仅是因为它有用,特别是纯粹的理论研究,离实际应用有相当远的距离。那么支配科学家献身于科学的原因是什么? 正是自然科学之美。他们发明各种各样精密复杂的仪器,不仅是为了得到一些具体的数值,更是想借此窥探自然界的秩序。他们在自然界内在美的诱惑下流连忘返、甘之若饴。

正如英国诗人布莱克所言:

一沙一世界,
一花一天堂。
双手握无限,
刹那是永恒。

李约瑟难题

中国是人类文明的发源地之一,是四大文明古国中唯一没有出现过严重文化断层的国家。与古希腊相似,中国古代科技的发展也是与中国的传统哲学及自然观的发展联系在一起的,人们有很多关于自然界的观察与思考。春秋战国,百家争鸣,许多学派反对宗教迷信,发展出朴素的唯物主义。《荀子·天论》中指出"天行有常,不为尧存,不为桀亡",认为自然界没有意志,而是按照一定规律运作的。书中还提出了"制天命而用之"的人定胜天的思想和"天地合而万物生,阴阳接而变化起"的变化运动观。老子则认为"道"是万物的本源,提出"人法地,地法天,天法道,道法自然"的观点。《庄子》中提到"一尺之棰,日取其半,万世不竭",指出了物质的无限可分性,表述了极限的概念。战国时期定义宇宙为"四方上下曰宇,古往今来曰宙",认为宇宙是时间和空间的统一。《墨经》这部著作包含了丰富的物理学、几何学知识。它指出"动,域徙也",认为机械运动便是物体的位移,位移的原因是"力,刑之所以奋也",即认为力是物体运动的原因。这本书中还论述了力学的杠杆原理、平衡问题,讨论了浮力原理,做了针孔成像实验,论述了平面镜、凹面镜、凸面镜的成像规律,还提出了类似原子论的思想。

当欧洲的科技处于中世纪的漫长黑夜时,中国的科技却如日中天,在农学、医学、天文学、算术方面遥遥领先于世界。此外,中国在地理学、化学等其他领域也取得了巨大的成就。中国的技术发明亦达到了顶峰。随着中西方科技文化的交流,四大发明传入欧洲,对近代科技的发展起到了一定的作用。

英国著名生物化学家、科学史学家李约瑟深入研究了中国古代科学技术,并积极向西方世界介绍中国古代灿烂的科技文明。然而,他却提出了一个耐人寻味的问题:"中国在公元3世纪到13世纪之间保持一个西方所望尘莫及的科学知识水平,但为什么近代科学发生在欧洲而不是中国?"这个问题引起很多学者的关注和讨论,当然,答案是仁者见仁,智者见智。

科学理论的建立是一个逻辑思维逐渐发展的过程。中国的哲学思想更多地注重总结经验,而忽视探求因果关系。在古希腊的哲学思想中就包含了逻辑,在亚里士多德的逻辑学之后,逐步产生了社会科学和自然科学。

在中国人的传统思维方式中,实用性很重要。因此,注重经验、传授技能成为主要的发展模式。而当经验积累到一定程度时,只有通过逻辑推理才能形成理论并进一步向前发展。中国古代的四大发明——造纸术、印刷术、指南针及火药,背后都隐藏着物理、化学的规律,我们观察到这些现象,却只从中总结出一些经验性的技术。我们的祖先发现火和热能可以改变物体的形态,很早就创造出了青铜器和瓷器,却始终没有出现"温度"的概念,而从模糊定性的"冷""热"向准确定量的"温度"转化,是热学发展的重要一环。从应用上讲,有了精确的温度概念后,西方人完成了各类热机的设计与完善,也设计并制造出很多可以精确控温的产品,而我们还靠经验来看火候。从原理上讲,只有关于热本质的热力学理论逐渐发展与完善起来,人类对自然界的能量守恒以及演化的方向性和时间的本质,才能有更深邃辽阔的认识。总而言之,中国的科学知识始终处于捕捉现象、积累经验的阶段,经验一代一代地重复传授,却始终没有上升为理论。

在中国古代,尽管数学作为一门实用技艺得到了一定的发展,但只是为了满足生产的需要,对自然的研究则停留在朴素的定性分析上,没能使数学成为科学的工具。而古希腊人推崇数学,注重数学推理和证明,创建了一些研究数学的基本方法,如归谬法、归纳法、演绎法、公理法等。爱因斯坦曾说:"我们推崇古希腊是西方科学的摇篮。在那里,世界第一次目睹了一个逻辑体系的奇迹。"

中国自然哲学注重哲理思辨,追求整体统一,而西方注重严密的逻辑推理,追求命题在形式上的统一,故中西方科学向两种不同方向演化:一种是进一步抽象概括,和道德观念相结合,形成了伦理哲学;另一种是进一步逻辑严谨,并和实验结合,造就了近代科学。

开普勒所发现的行星运动规律，需要一个动力学的解释，太阳系的行星为什么能够被紧紧束缚在太阳周围，绕太阳做规则运动？正是将天空的事情和地面的结合起来，新物理学才在伽利略和牛顿的时代诞生。

伽利略是近代科学的开创者中的代表人物。他于1564年出生在意大利，起初在比萨大学学医，后来听了几次关于欧几里得几何学的演讲，便对数学着迷，倾心研究，很快声名远扬。大约在1609年，他听说有人制作了望远镜，立即自己动手制作了一台（见图2.1），并不断改进，最后改造成可以放大30倍的望远镜。他用这台望远镜发现，月亮表面是毛糙的，有山脉和火山口，不像亚里士多德说的那样完美无缺（见图2.2）。他还发现木

图2.1　伽利略制作的望远镜

图2.2　伽利略月球观测手稿

星有四颗卫星，地球只有一颗卫星，地球的地位并没有那么特殊，银河也是由大量恒星组成的。他的发现在知识界引起了巨大反响，人们争相传颂"哥伦布发现了新大陆，伽利略发现了新宇宙"。

1624年起，伽利略断断续续地完成了他的著作《关于托勒密和哥白尼两大世界体系的对话》，出版之后马上遭到罗马教会的查禁，并被判处终身监禁，但伽利略一直在持续他的科学研究，撰写了另一本著作《关于两门新科学的对话》。伽利略对物理实验非常着迷，他设计了斜面实验，终于弄清楚了由静止沿斜面滚动的铜球的运动情况：沿斜面滚下的铜球的滚动距离与所用的时间的平方成正比。另外，想要描述清楚这些

实验规律，首先要建立起基本的物理概念。伽利略在《关于两门新科学的对话》中，以公理的形式创造出了"匀速运动""匀加速运动"等概念。有了这些新概念，斜面实验就带来了新启示，铜球从斜面滚下来，沿桌面运动，此时合外力为零，不再有加速度，球会永远保持匀速运动。这意味着，外力并不是维持物体运动状态的原因，而是改变物体运动状态的原因。这和亚里士多德的说法很不一样，牛顿后来将其概括为牛顿第一定律和牛顿第二定律。

自行星运动的正圆轨道被打破以后，天文学家开始思考，行星为什么总是绕着太阳转，而不会做直线运动远离太阳？伽利略已经认识到力和运动的关系，但他只是把这种关系局限在地面。牛顿给出了行星运动轨道和作用力之间的数学证明，但即使确认了这种关系，也不等于发现了万有引力，万有引力的关键是"万有"，它是一种普遍存在的力。首先必须证明支配行星运动的力和地面物体的重力是同一种类型的力，牛顿最先意识到这一点，就是著名的"苹果落地"的故事。他联想到重力支配苹果的下落，也可能支配月亮的旋转。1685年，牛顿在哈雷的鼓励下，全力投入写作，系统总结他关于动力学的研究，完成了科学史上最伟大的一部著作——《自然哲学的数学原理》。这本书的出版使牛顿名声大振，他开辟的全新的宇宙体系是如此的清晰明澈，从这里，人类获得了可以用理性解决所有问题的信心，英国著名诗人蒲柏写道："大自然和它的规律，隐藏在黑暗之中，上帝说：让牛顿去吧，一切便灿然明朗。"

下面从力学的一些基本概念出发，了解一下牛顿建立的经典力学体系的概貌。

汽车在公路上行驶，小鸟在天空飞翔，叶子从树上掉下来，时钟滴滴答答，我们走路、跑步、坐车，无一不涉及运动。正是种种运动造就了千变万化的世界。想了解世界运行的规律，首先要搞清楚各种各样的运动。物体运动的场所，我们称之为空间。物体运动的时候，其空间位置会随时间发生变化，这种最简单、最基本的运动形式，叫作机械运动。人们最先注意到的运动形式便是机械运动，研究机械运动的分支叫作力学。人们在力学的研究中，不仅了解了物体做机械运动的规律，而且还创造了科学研究的基本方法。

第一节 描述运动的方法

一、质点模型

我们周围的运动物体,其形状、大小与材质千差万别,如何描述其运动? 如果考虑每一个细节,研究就无法开展。但是如果有些因素相对于要研究的问题并不重要,那么就可以暂时忽略掉这些因素,直面核心问题。例如,地球很大,但在研究地球公转的时候,因为地球的半径相对于地球和太阳之间的距离微不足道,这个时候就可以忽略地球的大小,将它看成是一个只有质量、没有大小的点。这样一个只有质量、没有大小的点,称为质点。但在研究其自转问题的时候,地球的大小很重要,此时就不能将其当作质点(见图2.3,图像仅为示意,比例并不准确)。因此,物体能不能视为质点,要依具体的问题而定。质点代表运动物体的理想模型,研究清楚了质点的运动情况,实际物体的基本运动也就清楚了。

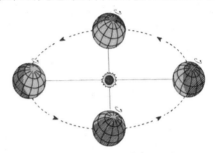

图2.3 地球的自转和公转

二、参考系与坐标系

物体是否运动,或者它做什么样的运动,都是相对的。例如,人坐在行进的列车中,地面上的观察者会认为他是运动的,而他本人则会认为自己相对于车厢是静止的。可见,在说明一个物体的运动情况时,必须指出它是相对哪个物体而言的,这个被选作参考的物体或者物体系,叫作参考系。

为了定量地描述物体的位置,可以在参考系中建立起一个坐标系。例如,要确定一个人在教室中的位置,需要知道他在第几排第几列。最常用的坐标系是直角坐标系,在空间中可建立起空间直角坐标系(见图2.4),用来帮助描述物体的空间位置,如点 $P(x_0, y_0, z_0)$。

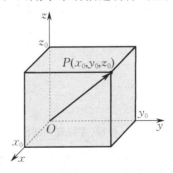

图2.4 空间直角坐标系

有了这些概念之后,就可以将复杂的物理现象抽象为一个物理模型。例如,一个苹果从树上落下来,如果要研究它的运动,可以首先将苹果视为一个质点,然后以地面为参考系,并在地面建立起一个直角坐标系,这样就把一个具体的运动过程抽象为一个物理模型。现实世界复杂多变,建立了模型之后就可以研究模型代表的普遍规律。

三、矢量和微积分

理论上讲,在有了直角坐标系中的坐标后,就可以对质点进行定位,正如知道了一个人坐在第几排第几列,就可以知道他的位置。但也可以采用另一种方法来定位,例如,可以测量他离讲台的距离,但是光有这个距离还是不足以描述他的位置,还需要知道他相对于讲台所处的方位。因此,如果采用这种方法来定位,就必须指明距离大小和方向两个要素。在物理学上,一个既有大小又有方向的物理量叫作矢量,物理学中采用位置矢量来描述物体的空间位置。位置矢量记作 r,它是从坐标原点指向质点所在位置的有向线段,在空间直角坐标系中可表示为

$$r = x\boldsymbol{i} + y\boldsymbol{j} + z\boldsymbol{k},$$

其中 $\boldsymbol{i},\boldsymbol{j},\boldsymbol{k}$ 分别是 x 轴、y 轴和 z 轴的单位矢量,其大小均为 1,方向分别与相应坐标轴的正向相同。矢量在教材中用黑体表示,手写则可在字母上方加上小箭头,如 $\vec{r}$。

物体的空间位置随时间的变化规律是运动学的核心问题,质点位置的改变用位移描述。当质点沿直线运动时,沿运动方向取一个坐标轴,可用 x 表示位置,用 Δx(此时,正、负表示方向,简便起见,不用黑体字母表示)表示位移。相应地,时刻和时间间隔分别用 t 与 Δt 表示。在物理学中,位移也用矢量表示,它是从初位置指向末位置的有向线段。

如图 2.5(a)所示,一个质点沿直线从 M 点运动到 N 点,质点的位移既可以用有向线段 $\overrightarrow{MN}$ 表示,也可以表示为

$$\Delta x = x_2 - x_1,$$

此时位移的大小与路程是相等的。如果物体按图 2.5(b)所示做平面运动,则位移用由起点 A 指向终点 C 的有向线段 $\overrightarrow{AC}$ 表示,此时位移的大小是线段 AC 的长度,而路程则是实际走过的线段 AB 与 BC 的长度之和。位移通常用 Δr 表示,它与初态位置矢量 r_1 和末态位置矢量 r_2 的关系为

$$\Delta r = r_2 - r_1。$$

位移只跟初、末位置有关,跟运动路径无关,而路程是质点实际运动轨迹的长度。

(a)   (b)

图 2.5　位移(虚线有向线段)

位置的变化总是伴随着一个过程,它有快有慢。为了衡量位置变化的快慢,我们引入速率的概念。例如,当一个人在操场上跑步时,只需用总的路程 Δs 除以所用的时间 Δt 就可以得到他跑步的平均快慢程度,称为平均速率,其数学表达式为

$$\overline{v} = \frac{\Delta s}{\Delta t}。$$

但实际过程中跑步的快慢并不是恒定的,如果想知道他在某一个时刻的速率,如何得到呢?我们可以把跑步的路径分割成一小段一小段的小路径,直到每段无限小(可看作线段)。用这个无限小的路径的长度除以对应的无限小的时间,就可以得到他在某一个时刻的速率了。以物体的单向直线运动为例,时间间隔 Δt 内位置的变化是位移 Δx,Δx 的大小也是此时的路程 Δs,反映的是位置变化的多少。当时间间隔 Δt 取得无限小时,平均速率就过渡为瞬时速率,即

$$v = \lim_{\Delta t \to 0} \frac{\Delta s}{\Delta t} = \frac{\mathrm{d}s}{\mathrm{d}t} = \frac{\mathrm{d}x}{\mathrm{d}t}。$$

分割成无限小的处理方式,就是数学上的微分思想。不要被一些数学公式吓到,公式只不过是话语的缩写,实质的内容是概念。事实上,在用一个公式时,我们首先需要能够把这个公式用语言表述出来,否则可能只是单纯记住了一些符号,而没有真正理解它的含义。

微积分在物理学中有非常广泛的应用,那么什么是微积分呢?微分是分割成无限小,而积分就是把无限小进行整合,把拆分的又合并起来。微积分是为了解决复杂的现实问题而诞生的。无论是物理、化学、生物、工程还是金融领域,都离不开微积分这个重要的工具。任何一个现实的物理模型,都可以用一个微分方程表示,这就是微积分最重要的作用。在实际生活中,也经常用到微积分的思想。例如,要制作一部动画,可以先一个画面一个画面地画(微分),然后再通过时间串联起来(积分),直到画面足够多,连续到能欺骗人的眼睛。又如,要求一个圆的面积,可以将其分割成无数个小的扇形(微分),然后再拼接起来(积分),如图 2.6 所示。

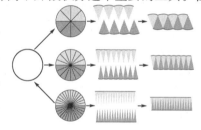

图 2.6　微积分求圆的面积

想要到达某一个地方,方向也很重要,不然有可能背道而驰,所以运动的快慢和运动的方向常常结合在一起出现,用速度表示。速度是一个矢量,瞬时速度的大小就是瞬时速率。在日常生活中,常常不区分速度和速率,但在物理学中这是两个不同的概念。类似于平均速率的定义,位移 Δr 与时间间隔 Δt 的比值称为平均速度。将时间间隔 Δt 取得无限小,平均速度就过渡为瞬时速度,简称速度,即

$$v = \lim_{\Delta t \to 0} \frac{\Delta \boldsymbol{r}}{\Delta t} = \frac{\mathrm{d}\boldsymbol{r}}{\mathrm{d}t}。$$

想象我们坐在一辆汽车里,汽车有的时候减速,有的时候加速,有的时候急刹车,有的时候走直线,有的时候转弯,汽车的速度在随时间发生变化。速度变化的快慢带给我们的体验不一样,缓慢地加、减速的时候,我们几乎感觉不到它的变化,但在汽车急刹车的时候,我们会感受到前倾的趋势。这里需要用一个物理概念来描述速度变化的快慢,称为加速度。同样,用速度的变化量除以时间间隔可得到平均加速度。如果想要知道某一个时刻的加速度,可以将变化的过程进行分割,利用微分的思想得到某一个时刻的加速度,即

$$a = \lim_{\Delta t \to 0} \frac{\Delta \boldsymbol{v}}{\Delta t} = \frac{\mathrm{d}\boldsymbol{v}}{\mathrm{d}t}。$$

要注意的是,加速度并不单单用于描述加速运动,也可用于描述减速运动。加速度是矢

量,一维情况下,可以用正、负表示其方向。此外,速度大小不变而只是方向改变,加速度并不为0。

第二节　牛顿运动定律

一、运动与力之间的关系

人们在日常生活中有这样的经验:想要使一个静止的物体运动起来,必须推它、提它或拉它,所以直觉上会认为,物体的运动是与推、提、拉等动作相联系的。于是,当这些力不作用的时候,原本运动的物体就会静止下来。根据这些直觉,亚里士多德得到结论:静止是水平地面上物体的"自然本性",必须要有力作用在物体上,物体才能运动,没有力,物体就会静止。

伽利略通过对自然现象的仔细观察,发现亚里士多德的这个结论并不正确。人们之所以会产生这样的误解,是因为无处不在的摩擦力。而由于实际生活中很难完全消除摩擦,于是伽利略设想了一个理想实验,即著名的斜面实验(见图2.7)。伽利略通过科学推理,认为一个小球由静止从一个斜面某一高度滚下再滚上另一个斜面,如果摩擦力足够小,那么它必定到达另一个斜面的同一高度,而与斜面的倾角无关。如果把后一个斜面放平缓一些,那么小球走的路程更长,最终也会到达同样的高度。以此类推,若后一个斜面变成光滑的水平面,则小球将由于找不到同样的高度而一直保持这种运动状态,永远运动下去,这实际上是我们现在所说的惯性运动。而实际中小球会慢慢停止下来,是因为小球始终受到了与运动方向相反的摩擦力的作用。也就是说,力不是维持物体运动状态的原因,而是改变物体运动状态的原因。

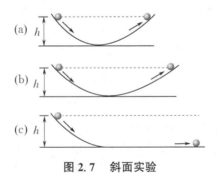

图2.7　斜面实验

伽利略进一步去寻找自由落体的运动规律,但受当时实验条件的限制,他无法直接测量自由落体的运动速度。一方面,他用小球的斜面运动来减缓运动的进程,因为自由落体运动可看成倾角为90°的斜面运动的特例;另一方面,速度的测量可以转化为对路程和时间的测量。在这一思想的指导下,他做了一个光滑直木板槽,让铜球从倾斜的木槽顶端由静止沿斜面滚下,然后测量铜球每次滚下的时间和高度,并研究它们之间的数学关系。

亚里士多德曾预言铜球滚动的速度是均匀不变的,伽利略却通过实验证明铜球滚动的路程与时间的平方成正比,进而得到自由落体的运动规律 $s = \frac{1}{2}gt^2$。该实验的过程和结果详细记载在他于 1638 年发表的《关于两门新科学的对话》中。

二、伽利略的科学方法

从伽利略的斜面实验可以得到什么启示呢?

第一,要正确认识实验在物理学发展中的地位和作用。物理学从一开始就是实验的科学,任何理论或假说最终都要接受实验的检验。伽利略有意识地将实验对象和操作过程加以理想化,通过人为的控制尽可能减少非必要因素的干扰,使自然过程以纯粹的形态出现,以便呈现事物的真相,发现其中的规律。伽利略对待实验操作非常严格,以求获得可信的数据。

第二,把实验研究和数学推理结合在一起。伽利略首先从对自由落体运动和斜面运动的一般观察开始,提出假设,然后运用数学推理得出结论,最后通过实验进行检验,从而提出有关自由落体运动的理论。实验研究结合数学的分析、归纳和演绎,确立科学的定律,就是伽利略研究方法的精髓。在伽利略之前,有人提倡实验,也有人重视数学推理,但是将两者结合并做出典型范例的是伽利略。正如爱因斯坦所言:伽利略的发现以及他应用的科学的推理方法是人类思想史上最伟大的成就之一,而且标志着物理学的真正开端。

伽利略倡导科学观察,并设计了多种科学仪器,但他的科学思想的核心却是数学,他做实验的目的是反驳那些不相信数学的人。他曾说:“哲学被写在那本曾经展现于我们眼前的伟大之书上,这里我指的是宇宙。但是如果我们不首先学会用来书写它的语言和符号,我们就无法理解它。这本书是以数学语言来写的,它的符号就是三角形、圆和其他几何图形,没有这些符号的帮助,我们简直无法理解它的片言只语;没有这些符号,我们只能在黑夜的迷宫中徒劳地摸索。”伽利略把科学研究归结为数量关系的研究,也就是说科学理论必须建立在量的关系之上。科学家需要把目光集中在可度量的东西上,只有可度量的东西才是真正可以被认识的。

伽利略为近代科学的研究奠定了方法论基础,将自然界描绘成一部自足的机器,而有情感的人则被抽离出来,成为一个旁观者,并且世界是可以被认识的。科学史家柯瓦雷感慨地说,现代科学“把一个我们生活、相爱并且消亡于其中的质的可感世界,替换成了一个量的、几何实体化了的世界,在这个世界里,任何一样事物都有自己的位置,唯独人失去了位置”。

三、牛顿运动定律

在伽利略这位科学巨匠陨落后不久,又诞生了另一位科学巨匠 —— 牛顿。可以说,正是伽利略和牛顿一先一后联手打造了近代科学。牛顿于 1687 年出版的《自然哲学的数学原理》一书中,只用几个基本的概念和原理,就对世间万物的行为给出了清晰定量的解释。人类对大自然的了解从未如此全面和深刻,因而牛顿的理论在很长一段时间里被视为绝对真理,人们也接受了由牛顿理论延伸出来的种种信念,它涉及宿命论、因果关系,以及整个世界的机械属性和时空观。在长达两个世纪的时间里,人们都认为牛顿已经搭好了人类所有知识的框架。

牛顿把自然图景总结到一个简单的概念上,这就是"力",自然界在力的指挥下,按照三个简单的法则运行,这就是牛顿运动定律。

对于一个静止的足球,要使它运动起来,可以踢它一脚,而要它停下,则可阻挡一下,或者等待它在摩擦力的作用下慢慢停止。如果细心观察,就会发现,生活中的很多现象都表明,要改变物体的运动状态,需要对物体施加一个外力;反过来,如果没有外力的作用,物体则会保持原来的运动状态。这就是牛顿第一定律的表现。

牛顿第一定律表述为:任何物体总是保持静止或匀速直线运动状态,直到有作用在它上面的外力迫使它改变这种状态为止。

牛顿第一定律的主要思想建立在伽利略理论的基础上,但牛顿指出了"惯性"这个特征。所谓惯性,是指物体保持原来运动状态的性质,它反映的是物体的固有属性。不受外力或合外力为零时,静止的物体恒静止,运动的物体恒运动。也可以说,物体本身都很懒,缺乏改变的欲望,除非有外力强迫。因此,该定律又称为惯性定律。

牛顿第二定律则反映了外界作用与物体运动状态改变的定量关系。具体表述为:物体的加速度大小与物体所受的合外力大小成正比,与物体的质量成反比,加速度的方向与合外力的方向相同。牛顿第二定律的数学表达式为

$$F = ma。$$

牛顿第二定律是经典力学的核心,它表明力作用于物体使它产生加速度。大千世界,运动形式多种多样,牛顿为这所有纷繁复杂的运动变化找到了一个共同的依据,那就是力的作用。力的作用效果取决于两个方面,一是外力的大小,力越大,加速度越大。这一点我们生活中已有体验,踢球的时候,力气越大,球速度增加得越大。可以定量地测量它们之间的关系,会发现加速度与力成正比。二是受力物体的质量。例如,对质量不同的两个球施加同样的作用力,在相同初速度的情况下,加速后轻一些的球比重一些的球运动得快,说明轻球获得了比较大的加速度。也就是说,加速度还取决于物体的质量,也就是物体本身的惯性。重的物体惯性大,对力的反应比较迟钝,轻的物体惯性小,对力的反应比较敏感。用力去推一块大石头,大石头几乎纹丝不动,但如果用同样的力气去推一块砖头,那就轻而易举了。

抛出去一个球,撞击到墙面,它会反弹回来,这说明球撞击墙面的时候,墙面也反过来对球施力。用手去拍桌子,先轻轻拍,再用力拍,手会有痛感,痛感提醒我们桌子也在对手施力。物理学家认为力是物体与物体之间的相互作用,而不是一方对另一方的单独作用。拍桌子的力气越大,桌子对手施加的力也会越大。这揭示了关于这一对力的定量信息,作用力增大,反作用力也增大。

对这类问题,牛顿给出了如下结论:两个物体之间的作用力和反作用力在同一直线上,它们大小相等,方向相反。这就是牛顿第三定律,其数学表达式为

$$F_{12} = -F_{21}。$$

它表明了物体与物体之间的作用力是对等的,永远成对出现。

要想使一辆车子向前运动,车轮要先给地面一个向后的摩擦力,地面反过来才能推动车子前进。游泳的时候向后划水,飞机的螺旋桨向后推动空气,都是利用水和空气的反作用力来推动物体前进的。同时,空气和水也会对运动产生阻力。假设在一个完全没有阻力的空间,如外太空,则飞船将在惯性下以不变的速度持续运动。因为周围没有提供反作用力的物

体,所以飞船将无法改变速度的大小和方向。例如,一个人穿着光滑的鞋子静止地站在冰面上,即使他迈开步子走,也哪里都去不了。但如果他向后抛出去一个物体,给了该物体一个向后的推力,该物体也将反过来推动他前进。这也是航天飞船产生推力的原理。飞船上携带着燃料,燃料燃烧产生高温高压的气体,气体通过发动机高速向后喷出,反过来推动飞船前进。

第三节　普遍的万有引力

一、透过现象看本质

从表面上看,物体与物体之间要发生相互作用,需要两个物体相互接触,在日常生活中常见的拉力、推力、弹力皆如此。而牛顿总结出来的万有引力定律却告诉我们,任意两个物体,无论距离是近是远,彼此之间都存在相互作用的万有引力,所有的物体都遵循这样的规律。

万有引力如此普遍,我们对它如空气般习以为常,以至于很难觉察到它。但如果我们相信物体有惯性,相信物体有保持其原来运动状态的性质,相信力是改变物体运动状态的唯一原因,那么我们一定会问,手中的书本为什么松手时会落地?是什么力驱使它向下运动?这样的问题就是当牛顿看到落下的苹果时进行的思考。

牛顿 22 岁时在英国剑桥大学获得学士学位,而剑桥大学为了预防当时的鼠疫被迫关闭了一段时间,于是他回到了家中进行理论研究。在这段时间里,牛顿提出了万有引力定律,研究了光的性质,并发明了微积分,这是一段自由思考、灵感迸发的美妙时光。

时势造英雄,在牛顿生活的时代,文化上已经为新的宇宙观做好了准备,而哥白尼、第谷、开普勒、笛卡儿和伽利略则奠定了科学的基础。伽利略的“力是改变物体运动状态的原因”的观点导出了牛顿运动定律,牛顿将牛顿运动定律和天文学结合起来,很自然地发现了万有引力。正如他自己所言,“我站在巨人的肩膀上”。

牛顿晚年时回忆,他曾站在自家农场前,看到落地的苹果和高悬的月亮,灵光一闪产生了万有引力定律的想法。苹果和月亮,除了同为圆形,实在是风马牛不相及,它们一个在地下,一个在天上,一个可以果腹,一个令人瞩目。牛顿却在其中看到了相似性,找出了共同的东西,这是一种透过现象看本质的能力。万有引力定律就建立在细致观察、不懈思考以及大胆想象的基础之上。

牛顿是怎么发现这一点的?看起来苹果的运动和月亮是如此不同,一个会奔向地面,一个永远挂在高空。但牛顿注意到,虽然它们的运动状态不同,但运动的速度都发生了改变,而力改变的正是运动的速度。因此,两个物体的共同点在于都受到了力。有没有可能是同一种力呢?苹果受到的力指向地心,月亮受到的力有没有可能也指向地心呢?牛顿做了如下推理:假如沿水平方向抛出去一个苹果,苹果将沿一段弯曲的路径落向地面,抛出去的速度越大,苹果的落地点就越远。如果以一个合适的速度将苹果抛出,那么苹果在空中的路径有可能和地球表面的曲率一致,这样苹果将围绕地球一直兜圈子,和月亮绕地球转圈一样,如图 2.8 所示(图像仅为示意,比例并不准确)。这种情况下,让苹果兜圈子的力和让苹果落地的力其实是同一种。在牛顿看来,这两种力都是地球的引力。这是一个非常富有想象力的推理,一般我们很难想到是什么力在拉月亮,更不用说是和拉苹果一样的力,而且地月之间还隔着 40 万千米左右的距离。

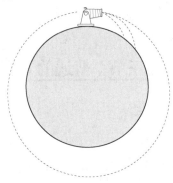

图 2.8　物体环绕地球运动

　　既然地球的引力可以让月球绕地运转,那也可以合理地假设,地球、火星、土星和木星等行星有可能是在太阳的引力下绕日运转的。行星按照惯性向前运动,又被太阳的引力将其轨道拉成椭圆。同样,木星的卫星正是由于受到木星的引力而绕木星运动。天体之间有引力,这种引力只存在相邻的两个天体之间吗? 牛顿认为任意两个天体之间都有引力,哪怕两者相距甚远,只不过是距离远了,引力变小了。因为力的作用是相互的,所以地球对苹果有引力,反过来,苹果对地球应该也有引力。进一步地说,苹果对地球有引力,对另一个苹果难道就没有引力吗? 循着这样的逻辑与思考,物体与物体之间的万有引力便呼之欲出了。牛顿推想引力是普遍存在的,任意两个物体之间都存在着相互作用的万有引力。

　　牛顿并没有止步于此,他深知把理论定量化才能被事实检测。万有引力依赖于物体的质量,也依赖于物体之间的距离,于是牛顿假设了一个定量的关系,这个关系与观察结果吻合得很好。这便是牛顿的万有引力定律:宇宙中任意两个物体之间都存在着相互作用的引力,两个物体之间的引力大小与两个物体质量的乘积成正比,与两个物体之间距离(需远大于物体本身的线度)的平方成反比,引力的方向在两个物体的连线上。

　　若两个物体之间的距离为 r,两个物体的质量分别为 m_1 和 m_2,各自受到的引力大小分别为 F_1 和 F_2,如图 2.9 所示,则万有引力的大小为

$$F_1 = F_2 = G\frac{m_1 m_2}{r^2},$$

其中 G 是一个普适常量,对任何物体都适用,称为引力常量,可由实验测得。

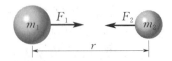

图 2.9　两个物体之间的相互作用

　　万有引力定律可以计算苹果、人、地球、月亮等任意两个物体之间的引力(需注意,仅在物体可被当作质点时成立),它与两个物体本身的质量有关,也与两个物体之间的距离有关,正是万有引力将我们牢牢地吸附在地面,而不至于飘浮在太空。而月球与我们之间的万有

引力不那么明显是因为距离太远,人与苹果之间的万有引力微不足道则是因为两者质量都很小。万有引力是普遍存在的,种种现象皆为表象,而本质隐藏在表象之下。

二、万有引力定律的强大威力

预测并发现新的行星,也许是万有引力定律强大威力的最生动的证明。海王星的发现与天王星有关,之前天文学家一直把天王星当作恒星在观察,但利用经典力学计算天王星的运行情况,发现与观测结果出现了很大的偏差。有人怀疑牛顿的万有引力定律并不普遍适用于天体,也有人坚信不疑。为了解释这个现象,有人猜测,在天王星附近还有一颗未知的行星,是它的干扰造成了天王星轨道的偏离。于是有科学家利用牛顿的理论,在 1846 年前后计算并预言出这颗新行星,然后进行天文观测,果然就轻而易举地观察到了它,并称之为海王星。海王星的发现成了经典力学和万有引力定律最成功的例证。

时至今日,在人类航天飞行中进行计算时依据的还是万有引力定律。我们生活在一个信息如此发达的社会,而我们的通信技术,离不开地球同步卫星。所谓同步,是指卫星的转动始终与地球自转的步调一致。如果在赤道上空均匀放置 3 颗间隔为 120° 的卫星,则可实现全球通信。而它的轨道高度,则可由万有引力定律确定,在这个高度,卫星受到的万有引力恰好等于它同步运动所需的向心力。

经典力学在物质世界取得了如此大的成功,也深深影响了当时人们的人生观和哲学观。原子构成了整个世界,它们按照机械规律运行,此时此刻原子结合的方式决定了未来的模样,物质世界如此,生物体内亦是如此。大脑的每一个想法都是头脑里以及身体里的原子的运动,所以感觉和行动是可以预先决定的,是可以预言的。这是一个如机械般精确运行的世界,人类并没有自由意志,自由意志的背后也是物理规律。在当时认同经典力学的人或多或少地会受到这种机械自然观的影响,直至科学不断发展,人们才发现了事件背后的随机性与不确定性。

科学从来不是绝对的,即使一个科学原理经过了反复验证,它仍将接受新实验的不断检验。19 世纪末期,当人们将研究深入到高速、微观领域时,开始有一些实验结果与牛顿理论不符合。于是在 20 世纪初,物理学家创立了三个新理论:狭义相对论、广义相对论和量子力学。迄今为止,物理学家尚未发现任何一个违背新理论的情况。也就是说,牛顿理论只适用于宏观、低速的经典领域,而在更为广泛的领域并不适用。宇宙并不是牛顿式的,经典力学中的时间、空间、物质等许多概念需要重新认识,宇宙远比我们想象的要奇妙得多。

第四节　能量及能量守恒定律

一、功与能量

能量是一个耳熟能详的概念,生活中有很多和能量有关的例子。例如,运动的小车具有能量,举高的石头具有能量,流水具有能量,大风具有能量,燃烧的木头具有能量,通电的导体具有能量等。能量以各种不同的方式深入到生活中,虽然现在看起来那么显而易见,但是要说清楚能量的含义却不容易,因为它的种类太多。在牛顿之后,人们又花了两个世纪的时间才对能量有了全面的了解。我们现在知道,能量是物理学中的一个抽象概念,是物质运动的一种量度,用来表达一个物体去完成某种任务的本领。如果一个物体有使周围环境或自身发生变化的内在本领,就说这个物体具有能量。

在物理学中,只要推或拉物体使它在力的方向上移动了一段位移,就称对物体做了功。当你从桌子上拿起书本时,你的拉力和地球引力都对书本做了功。当你松手书本下落时,在忽略空气阻力的情况下,只有地球引力对书本做了功。需要注意的是,功总是一个特定物体对另一个特定物体做的。为了做功,既需要力,也需要运动。

生活中我们有这样的经验,搬起两本书是搬起一本书的工作量的两倍;使书本上升两米是使书本上升一米的工作量的两倍。功既与力成正比,又与在力的方向上发生的位移成正比,所以把功定义为:功=力×位移,单位是焦[耳](J)。如果一个物体在恒力 F 的作用下,在力的方向上发生了位移 s,如图 2.10 所示,则力对物体做的功为

$$W = Fs,$$

其矢量表达式为

$$W = \boldsymbol{F} \cdot \boldsymbol{s}。$$

借助微积分,我们还可以解决变力、任意曲线运动等复杂问题的功的计算。

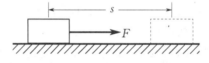

图 2.10　直线运动中的恒力做功

功是作用于物体上的力在空间上所产生的累积效应。对物体做功,那么物体会有什么变化呢?高速运动的子弹可以击穿其他物体,举高的锤子可以将钉子钉入木块,它们都具有做功的本领,而做功的本领就是能量。消耗能量对物体做功,做的功又以某种其他形式的能量储存在物体当中。运动的物体所具有的能量叫作动能,其数学表达式为

$$E_k = \frac{1}{2}mv^2,$$

其中 m 是物体质量,v 是物体的运动速度。动能是标量,它没有方向,单位是焦[耳](J)。计算各种力对物体所做的功,可发现所有功的和等于初、末态物体动能的增加量,这个关系被称为动能定理。动能定理的数学表达式为

$$W_{\text{总}} = \Delta E_k = \frac{1}{2}mv_{\text{末}}^2 - \frac{1}{2}mv_{\text{初}}^2。$$

处在某一高度的物体所具有的能量叫作势能,确切地说是重力势能。普遍而言,势能是由系统内物体间的相对位置所决定的能量,所以也称为位能。

重力势能的数学表达式为 $E_p = mgh$,其中 m 是物体质量,g 是重力加速度,h 是物体相对于势能零点的高度。

弹簧的弹性势能的数学表达式为 $E_p = \frac{1}{2}kx^2$,其中 k 是弹簧的劲度系数,x 是弹簧的形变量。

势能具有相对性,要确定势能的数值要先选取一个势能零点,但势能的变化量与势能零

点的选取无关。

二、自然界中的各种守恒

牛顿时代我们只认识到了一个运动物体所具有的动能和势能,它们的和叫作机械能。当一个物体从高处下落,位置越来越低时,速度越来越大。也就是说,势能减小了,动能在增大。大量的实验可以证明,在没有重力以外的其他作用力做功的时候,动能和势能的和保持不变,即物体的机械能守恒。

能量的形式多种多样,除了动能和势能,还有其他形式的能量。例如,高温蒸汽可以推动涡轮做功,它具有热能;磁场可以使铁钉移动,它具有磁能;还有来自物质内部结构的化学能、核能等。人类对能量的认识逐步升级,越来越深刻。最终人们发现,种种能量之间有密不可分的关系,它们之间可以相互转化,但保持总量不变,这就是普遍成立的能量守恒定律:在一个孤立系统内,无论发生任何变化过程,系统总能量在该过程中始终保持不变,能量不能被消灭,也不能被创造,只能从一种形式转化为另一种形式,或从一个物体转移到另一个物体。

在我们的生活中,任意截取一个小的片段,会发现它总遵循能量守恒定律。吃饭的时候,食物里的化学能转化为身体的内能;饭后散步,内能转化为运动时的机械能。苹果从树上落下,重力势能转化为动能,还有一小部分由于空气的摩擦,转化为热能,散落在空气里,使周围的气温微微上升。

能量在宇宙间流动,不增不减,不生不灭。大自然不仅有能量守恒的约束,还有其他的守恒量。在宇宙诞生之初,便有那么一些组成世界的基本物理量永远不变。

动能是物体由于运动而具有的能量,它是一个只有大小没有方向的标量。但与运动相关联的速度却与方向有关,所以为了描述"运动"本身,牛顿提出了动量的概念,它等于质量与速度的乘积,即

$$p = mv。$$

动量是一个矢量。同一个物体以相同大小的速度沿不同方向运动时,动能相同,动量并不相同。牛顿第二定律还有一种表述:一个物体在运动过程中动量 p 的变化,等于物体受到的外力对它产生的冲量 I,即力对作用时间的累积效果($I = Ft$)。也就是说,动量就是力在时间上的累积效应,动能就是力在空间上的累积效应。而如果系统所受合外力的冲量为零,则总动量保持不变,这便是动量守恒定律。

能量守恒定律、动量守恒定律以及旋转时的角动量守恒定律[①],是三个最基本的守恒定律,大到宇宙星辰,小到微观粒子,没有一个物理过程违反这些定律。物理学理论中最重要的是物理定律的对称性,即物理定律在某种变换下的不变性,包括时间平移、空间平移及旋转、空间镜像、惯性坐标系变换等。从时间上来讲,昨天的物理定律和今天的物理定律相同;从空间上来讲,南方的物理定律和北方的物理定律相同。物理定律的对称性导致了守恒定律的出现。每一种对称性都对应一个守恒定律,这一论断被称为诺特定理,是理论物理学的中心定理之一。具体来说,时间平移不变性对应着能量守恒定律,空间平移不变性对应着动量守恒定律,空间旋转不变性对应着角动量守恒定律。自然界中,简单的结构中往往隐藏着

---

① 角动量及角动量守恒定律本书未介绍,感兴趣的读者可参阅相关物理专业书。

复杂的奥秘,复杂的系统往往也遵循着简单的规律。

牛 顿 简 介

　　牛顿是英国伟大的数学家、物理学家和天文学家,经典物理学的创始人之一,17世纪最伟大的科学巨匠之一。

　　1643年,牛顿生于英国,他自幼爱好读书,喜欢实验、制作模型和沉思。牛顿于1661年进入了英国剑桥大学三一学院,1665年获学士学位,随后两年在家乡躲避鼠疫。这两年里,他绘制了一生大多数重要科学创造的蓝图。1667年回到剑桥大学后当选为三一学院院委,次年获硕士学位。1669年到1701年任卢卡斯数学教授席位。1696年任皇家造币厂监督,并移居伦敦。1703年任英国皇家学会会长,1706年受女王安娜封爵,1727年在伦敦病逝。

　　在牛顿的全部科学贡献中,数学成就占有突出地位。他数学生涯中的第一项创造性成果就是发现了广义二项式定理。笛卡儿的解析几何将描述运动的函数关系与几何曲线相对应。牛顿在老师巴罗的指导下,在钻研笛卡儿的解析几何的基础上,找到了新的出路。微积分的创立是牛顿最卓越的数学成就。牛顿为解决运动问题,创立了这种和物理概念直接联系的数学理论,牛顿称之为“流数术”。他的数学工作还涉及数值分析、概率论和初等数论等众多领域。

　　牛顿不但擅长数学计算,而且能够自己动手制造各种实验设备并且做精细实验。为了制造望远镜,他自己设计了研磨抛光机,对各种研磨材料进行实验。1668年,他制成了第一架反射望远镜样机。1671年,牛顿在英国皇家学会展示了经过改进的反射望远镜,因此名声大振,并被选为皇家学会会员。反射望远镜的发明奠定了现代大型光学天文望远镜的基础。

　　同时,牛顿还进行了大量的观察实验和数学计算,如研究惠更斯发现的冰川石的异常折射现象、胡克发现的肥皂泡的色彩现象及“牛顿环”的光学现象等。

　　牛顿还提出了光的“微粒说”,认为光是由微粒组成的,并且走的是最快速的直线路径。他的微粒说与后来惠更斯的波动说构成了关于光的两大基本理论。此外,他还制作了牛顿色盘等多种光学仪器。

　　牛顿是经典力学理论的集大成者。他系统地总结了伽利略、开普勒和惠更斯等人的工作,提出了著名的万有引力定律和牛顿运动定律。1686年底,牛顿写成划时代的伟大著作《自然哲学的数学原理》一书。牛顿在这部书中,从力学的基本概念和定律出发,运用他所发明的微积分这一锐利的数学工具,不但从数学上论证了万有引力定律,而且还将经典力学确立为一个完整而严密的体系,将天体力学和地面上的物体力学统一起来,实现了物理学史上第一次大的综合。

　　牛顿在临终前对自己的生活道路是这样总结的:我不知道在别人看来,我是什么样的人,但在我自己看来,我不过就像是一个在海滨玩耍的小孩,为不时发现比寻常更为光滑的一块卵石或比寻常更为美丽的一片贝壳而沾沾自喜,而对于展现在我面前的浩瀚的真理海洋,却全然没有看见。

热现象是自然界中极为普遍的物理现象，热学是物理学的一个重要分支学科，它研究的是热现象的宏观特征及微观本质。按照研究角度和研究方法的不同，热学可分成（经典）热力学和气体动理论两个组成部分。热力学是研究物质热运动的宏观理论，不涉及物质的微观结构，它从基本实验定律出发，通过严密的逻辑推理和数学演绎，找出物质各种宏观性质之间的关系，得出宏观过程进行的方向及过程的性质等方面的结论，具有高度的普适性与可靠性。气体动理论是研究物质热运动的微观理论，

从物质由大量微观粒子组成这一基本事实出发，用统计的方法来推导宏观量与微观量统计平均值之间的关系，解释并揭示系统宏观热现象及其有关规律的微观本质。由此可见，热力学与气体动理论的研究对象是一致的，但是研究的角度和方法却截然不同。在对热运动的研究上，两者起到了相辅相成的作用。热力学的研究成果，可以用来检验气体动理论的正确性；气体动理论所揭示的微观机制，可以使热力学理论获得更深刻的意义。

第一节 热学基本概念

关于热是什么的问题,很早就成为人们探讨的对象。我国殷朝形成的"五行说"(见图 3.1),把热(火)看作与金、木、水、土一样的东西,是构成宇宙万物的物质元素之一。在古希腊产生的物质元素论中,也把热(火)看作一种独立的物质元素,赫拉克利特认为,世界的本源就是火。由于史前人类已经发现并使用了火,对"热"与"冷"现象本质的探索就成了人类最初对自然界法则的追求之一。

图 3.1 "五行说"图

热学中两个最核心的概念是"热量"与"温度"。长期以来,这些基本概念是混淆不清的,"但是一经辨别清楚,就使得科学得到飞速的发展"(爱因斯坦语)。

热是组成物质的大量分子做无规则运动的表现,这种无规则运动也称为热运动。在传热过程中,物体吸收或放出的能量,叫作热量。它与做功一样,都是系统能量传递的一种形式,并可作为系统能量变化的量度。热量的单位与能量、功相同,在国际单位制中为焦[耳](J)。

一、热功当量

在没有认识热的本质以前,热量、功、能量的关系并不清楚,所以它们用不同的单位来表示,此时热量的单位用卡[路里](cal)。18 世纪末,人们认识到热与运动有关。这为后来焦耳研究热与功的关系开辟了道路。焦耳认为热量和功应当有一定的当量关系,即热量的单位和功的单位间有一定的数量关系。从 1840 年开始,焦耳利用电热量热法和机械量热法进行了大量的实验,最终找到了热量和功之间的当量关系。目前公认的热功当量值为 1 cal = 4.184 0 J。

现在国际单位制已统一规定功、热量、能量的单位都用焦[耳],热功当量就不常用了。但是,热功当量的实验及其具体数据在物理学发展史上所起的作用是不可磨灭的。焦耳的实验也为能量转化与守恒定律奠定了基础。

二、传热

传热是一种物理现象,指由温差引起的热能传递。传热中用热量度量物体内能的改变。传热主要存在三种基本形式:对流、热传导和热辐射。

对流:液体或气体中较热部分和较冷部分之间通过循环流动使温度趋于均匀的现象。对流是液体和气体中传热的特有方式,气体的对流现象比液体明显。对流可分自然对流和强迫对流两种。自然对流自然发生,往往是由温度不均匀引起的。强迫对流是由外界的影响形成的(如搅拌液体)。加大液体或气体的流动速度,能加快对流传热。

热传导:热量从系统的一部分传到另一部分或由一个系统传到另一个系统的现象。热传导是固体中传热的主要方式。在气体或液体中,热传导往往和对流同时发生。各种物质的热传导性能不同,一般金属都是热的良导体,玻璃、木材、棉毛制品、毛皮以及液体和气体都是热的不良导体,石棉的热传导性能极差,常用作绝热材料。

热辐射:物体因自身的温度而向外发射能量的现象。热辐射虽然也是传热的一种方式,但它和热传导、对流不同。热辐射能不依靠介质把热量直接从一个系统传给另一个系统。一切温度高于绝对零度($0\,K=-273.15\,℃$)的物体都能产生热辐射,同一个物体温度越高,单位时间内辐射出的总能量就越大。辐射的波长分布情况也会随着温度的变化而变化。例如,当物体的温度较低时,主要以不可见的红外线进行辐射;当物体的温度较高时,热辐射中最强成分的波长会变短。热辐射是远距离传热的主要方式,如太阳的热量就是以热辐射的形式,经过宇宙空间传递到地球的。

三、保温瓶的保温原理

现代的保温瓶是杜瓦于 1892 年发明的。当时他正在进行一项使气体液化的研究工作,气体要在低温下液化,首先需设计出一种能使气体与外界绝热的容器,于是他请人吹制了一个双层玻璃容器,两层玻璃内壁涂上金属材料,然后抽掉两层之间的空气,形成真空。这种真空瓶又叫作杜瓦瓶,可使盛在里面的液体温度在一段时间内保持不变。

家庭中的保温瓶主要用于热水保温,因此也被称为热水瓶。保温瓶的构造并不复杂,它的内胆为双层玻璃瓶,且两层之间抽成真空状态,并镀银或铝。真空状态可以避免对流,而玻璃本身就是热的不良导体,镀银或铝的玻璃则可以将容器内部向外辐射的能量反射回去。反过来,如果瓶内储存的是冷液体,这种瓶也可以防止外界的热量传递到瓶内。

保温瓶的瓶塞通常由软木或塑料制成,它们也都是热的不良导体。保温瓶的外壳由竹编、塑料、铁皮、铝、不锈钢等材料制成,瓶口有一橡胶垫圈,瓶底有一碗形橡胶垫座,这些都是为了固定玻璃瓶胆,以防瓶胆与外壳碰撞。保温瓶的保温功能最差的地方是瓶颈周围,热量多在该处借助热传导方式流通。因此,制造保温瓶时总是尽可能缩短瓶颈,容量越大而瓶口越小的保温瓶,其保温效果越好。

四、热胀冷缩

很多物质都有受热膨胀、遇冷收缩的特性。例如,乒乓球被踩瘪了,浸入热水中烫一下,球内空气受热膨胀,乒乓球就会重新鼓起来;烧开水时,壶里的水不能装得太满,否则水会因受热膨胀而溢出来。

（1）固体的热胀冷缩

固体因为形状固定，密度也比气体和液体大，所以其热胀冷缩所产生的"威力"也最大。例如，温度每升高 1 ℃，1 m 长的铁条就会膨胀大约 10 μm。如果炎热的白天后紧接着是严寒的夜晚，1 000 m 长的铁轨能变化数十厘米。冬天往玻璃杯里倒开水时，玻璃杯很容易破碎，这是由玻璃杯受热后膨胀不均匀造成的。

（2）液体的热胀冷缩

液体的热胀冷缩现象比固体的要明显。在一定的温度变化下，液体的膨胀率和收缩率是固体的一百多倍。虽然水是人们最熟悉的液体，但水的膨胀有它的特殊性。水在 4 ℃ 以上时跟一般的物体一样，遵循热胀冷缩的规律。但在 0～4 ℃ 之间，水会出现"热缩冷胀"的现象。

（3）气体的热胀冷缩

气体比液体和固体更容易发生热胀冷缩，这是因为气体分子间的间隔更大。气体受热膨胀时，密度减小；遇冷收缩时，密度增大。大部分气体膨胀的程度是相同的。

（4）热胀冷缩的利与弊

热胀冷缩现象在生活中被广泛地应用。例如，刚煮熟的鸡蛋在冷水里浸泡一下就容易剥壳；金属的瓶盖开不了的时候，将它放在火上烤一下就容易开了。当然，热胀冷缩也有不少弊端。例如，如果铁轨之间没缝隙，会在夏天因膨胀而发生弯曲。热胀冷缩还会让金属度量工具变得不精准。

当温度变化不太大时，固体在某一方向长度的改变量称为固体的线膨胀量。由线膨胀率（单位长度的固体在温度变化 1 ℃ 时的线膨胀量）不同的两金属片黏合而成的装置称为双金属装置。由于线膨胀率不同，双金属装置常被用在温控开关上，随着温度的变化，自动开启或关闭，如图 3.2 所示。

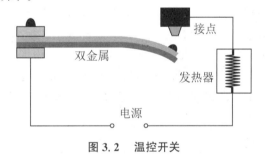

图 3.2 温控开关

第二节 温度及热力学第零定律

一、温度

温度是描述物体冷热程度的物理量，微观上表现为物体分子无规则运动的剧烈程度。温度只能通过物体随温度变化的某些特性来间接测量，而用来度量物体温度数值的标尺叫作温标，它规定了温度的读数起点（零点）和测量温度的基本单位。从分子运动论观点来看，温度是物体分子热运动平均动能的标志，是大量分子热运动的集体表现，含有统计意义。对于个别分子来说,温度是没有意义的。

二、热力学第零定律

在日常生活中,人们往往认为热的物体温度高,冷的物体温度低,这种凭主观感觉对温度的定性了解,在要求严格的热学理论和实践中,显然是远远不够的,因此必须对温度建立起严格的科学的定义。假设有两个热力学系统 A 和 B,原先处在各自的平衡态,现在使系统 A 和 B 互相接触,使它们之间能发生热量的传递,这种接触称为热接触。一般来说,热接触后系统 A 和 B 的状态都将发生变化,但经过一段足够长的时间后,系统 A 和 B 将达到一个共同的平衡态,由于这种共同的平衡态是在有传热的条件下实现的,因此称为热平衡。如果有 A,B,C 三个热力学系统,当系统 A 和 B 都分别与系统 C 处于热平衡时,系统 A 和 B 此时也必然处于热平衡。这个结论称为热力学第零定律。热力学第零定律为温度概念的建立提供了可靠的实验基础。根据这个定律,处于同一热平衡状态的所有热力学系统都具有某种共同的宏观性质,描述这个宏观性质的物理量就是温度。也就是说,一切互为热平衡的系统都具有相同的温度,具有相同温度的系统之间在热接触时不发生热量的传递,这为用温度计测量物体或系统的温度提供了依据。

三、温标

常用的温标有热力学温标、摄氏温标和华氏温标等。热力学温标是建立在热力学第二定律基础上的理想化的、科学的温标,被国际计量大会采用作为标准温标。热力学温标选择了卡诺循环中系统吸收和放出的热量来确定温度,这种温度不依赖于测温物质。国际单位制中采用热力学温标,单位是开[尔文](K)。摄氏温标也称百分温标,单位是摄氏度(℃),是瑞典天文学家摄尔修斯于 1742 年提出的。摄氏温标规定在标准大气压下,纯水的冰点温度数值为 0,沸点温度数值为 100,中间分为 100 等份,每一等份即代表 1 ℃。华氏温标由物理学家华伦海特于 1714 年建立,单位是华氏度(℉)。华氏温标规定在标准大气压下,冰和盐水的混合物温度数值为 0,水的沸点温度数值为 212,中间分为 212 等份,每一等份即代表 1 ℉。

摄氏温度 t 与热力学温度 T 的关系是:$\dfrac{t}{℃} = \dfrac{T}{K} - 273.15$。

华氏温度 t_F 与摄氏温度 t 的关系是:$\dfrac{t_F}{℉} = \dfrac{9}{5}\dfrac{t}{℃} + 32$。

四、有关温度的常识

根据生理学家的研究,人体感觉最舒适的环境温度大约是 30 ℃,这个温度接近人皮肤的温度。

在低温条件下,非金属材料也能表现出磁性,这些材料可以用于制造新型计算机存储设备、绝缘设备等。当温度超过一定限度时,这些材料会失去磁性。目前已知的非金属磁性材料中,临界温度最高的在 −230 ℃ 左右,即使施加高压也仅能提高到 −208 ℃。1911 年,荷兰科学家昂内斯在低温实验时意外发现了超导现象:当温度降至 −269 ℃(液氦温区)时,汞的电阻忽然消失了。超低温使物质进入了一种新的状态 —— 超导态。

在低温世界中,物质会发生各种奇妙的变化。例如,空气在−190 ℃ 时会变成浅蓝色液体;鸡蛋在这种环境下会产生浅蓝色的荧光,摔在地上会像皮球一样弹起来;鲜花会变得像玻璃一样闪亮,轻敲会发出清脆的声音,重敲则会破碎;金鱼在液氮中会变得硬邦邦、晶莹剔透,仿佛水晶玻璃制成的"工艺品",放回鱼缸后竟然又能复活。在超低温的条件下,许多金属的性质也会发生巨大的变化。原本具有很好韧性的钢会变得像陶瓷一样脆,轻敲就会粉碎,而锡则会自行变成一堆粉末,这种现象被称为金属的冷脆现象,虽然具有一定危害性,但也可造福人类。例如,人们利用冷脆现象发明了低温粉碎技术。一般粉碎机很难将硬度高、弹性大的材料粉碎,而用低温粉碎技术,不仅可以迅速粉碎这类材料,而且还可以控制颗粒大小。

五、五花八门的温度计

最早的温度计是由伽利略于 1593 年发明的。他的第一支温度计是一根一端敞口的玻璃管,另一端带有核桃大的玻璃泡,玻璃管内装有水。使用它测量水温时,先给玻璃泡加热,然后将玻璃管插入水中。随着温度的变化,玻璃管中的水面会上下移动,根据移动的距离就可以判断温度的变化和高低。然而,这种温度计受外界大气压强等环境因素的影响较大,测量误差也较大。

(1)气体温度计:主要使用氢气或氦气作为测温物质。由于氢气和氦气的液化温度非常低,接近绝对零度,因此气体温度计具有较宽的测温范围和较高的精度,适用于精密测量。

(2)电阻温度计:分为金属电阻温度计和半导体电阻温度计,它们都是根据电阻值随温度变化的特性制成的。金属电阻温度计使用纯金属和合金作为测温物质,而半导体电阻温度计则使用碳、锗等作为测温物质。这种温度计使用方便可靠,已广泛应用于各个领域,其测温范围约为 −260 ～ 600 ℃。

(3)高温温度计:专门用于测量 500 ℃ 以上的温度,如光测温度计、比色温度计和辐射温度计。这种温度计的原理和构造较为复杂,测温范围约为 500 ～ 3000 ℃,不适用于低温测量。

(4)指针式温度计:利用金属的热胀冷缩原理制成,以双金属片作为感温元件,用来控制指针。当温度升高时,双金属片带动指针向右偏转;当温度降低时,双金属片带动指针向左偏转。这种温度计主要用于测量室温。

(5)玻璃管温度计:利用液体的热胀冷缩原理制成。根据测温物质的热膨胀系数与沸点及凝固点的不同,玻璃管温度计可以分为煤油温度计、水银温度计和红钢笔水温度计等。这种温度计结构简单、使用方便,测量精度相对较高且价格低廉,但其测温范围和精度受到玻璃质量与测温物质性质的限制,易碎,且不能远距离测量。

第三节　引发工业革命的热力学

在 19 世纪初期,许多人致力于制造一种神秘的机械 —— 第一类永动机。这种设想中的机械只需要一个初始的动力就可以运转起来,之后不再需要任何动力和燃料,却能自动不断地做功。在热力学第一定律提出之前,人们一直围绕着制造永动机的可能性问题展开激烈的讨论。直至热力学第一定律发现后,第一类永动机的幻梦才终于破灭。

一、历史渊源与科学背景

人类对热的本质的认识是很晚的事情。18 世纪盛行的热质说认为,热是由一种特殊的没有质量的流体物质,即热质(热素)所组成。这种学说较圆满地解释了由热传导导致热平衡、相变潜热等热现象,因而为当时一些著名科学家所接受,成为 18 世纪热力学占统治地位的理论。19 世纪以来,认为热的本质就是分子无规则运动的热动说渐渐地被更多的人所注意,并有实验加以证明。热动说较好地解释了热质说无法解释的现象,如摩擦生热等,使人们对热的本质的认识进一步深化。在戴维的一篇论文中,他以冰块摩擦生热融化为例,描述了一个实验:在一个与外界环境隔离的真空容器中,让两块冰互相摩擦,使冰融化成水。在这个过程中,水的内能会大于冰的内能。他对这一现象的解释是:在摩擦冰的过程中,机械能转化为水的内能,因此水的内能比冰的内能大。这一结论对分子动理论的建立起到了推动作用,也为热功当量提供了相当有说服力的实例。这激励了更多的人去探讨这一问题,从而推动了热力学和物理学的发展。

1843 年,焦耳发表了一篇重要论文,题为《论磁电的热效应及热的机械值》。在这篇论文中,焦耳首次提出了能量守恒定律,即自然界的能量是等量转换、不会消灭的。1847 年,亥姆霍兹发表《论力的守恒》,首次系统地阐述了能量守恒定律,并将其从力学领域推广到热、光、电、磁、化学反应等过程中,这一定律揭示了各种能量形式之间的统一性,它们不仅可以相互转化,而且在量上存在一种确定的关系。能量守恒与转化使物理学达到了空前的综合与统一。将能量守恒定律应用于热力学,就得到了热力学第一定律。

二、热力学第一定律

热力学第一定律表述为:在一个热力学系统内,能量有多种形式,它可以从一种形式转化为另一种形式,也可以从一个物体传递到另一个物体,但不能自行产生,也不消失。在这些过程中,能量的总量保持不变。这一定律也被称为热力学中的能量守恒定律。在热力学中,热力学第一定律可表示为:第一类永动机(不消耗任何形式的能量而能对外做功的机械)是不可能制作出来的。

热力学第一定律描述功与热量之间的相互转化,功和热量都不是系统状态的函数,应该找到一个与能量同一量纲且与系统状态有关的函数(即态函数),通过它把功和热量联系起来,由此说明功和热量转换的过程中,其总能量还是守恒的。 在力学中,外力对系统做功,引起系统整体运动状态的改变,使系统总机械能(包括动能和外力场中的势能)发生变化。系统状态确定了,总机械能也就确定了,所以总机械能是系统状态的函数。而在热学中,外界对系统做功使系统内部状态发生改变,它所改变的能量发生在系统内部。内能是系统内部所有微观粒子(如分子、原子等)的热运动动能以及总的相互作用势能的和。内能是系统状态的函数,处于平衡态系统的内能是确定的。内能与系统状态之间有一一对应的关系。

传热和做功都能使热力学系统的内能发生变化,即改变系统的状态。系统从某一平衡态变化到另一平衡态,既可以通过外界对系统做功的方式实现,也可以通过外界与系统传热的方式实现,还可以通过做功与传热两者皆有的方式实现。系统与外界在相互作用的过程中,遵守能量守恒定律。热力学第一定律指出:系统从外界吸收的热量,一部分使系统的内能增加,另一部分用于系统对外界做功,其数学表达式为

$$Q = \Delta E + A,$$

其中 Q 是外界传递给系统的热量,ΔE 是系统内能的增量,A 是系统对外界所做的功。

三、热力学第二定律

热力学第一定律指出,一切热力学过程中,能量一定守恒,但没有限制过程进行的方向。热力学第二定律是关于自然界过程自发进行的方向的规律,是自然界的一条基本定律。

热力学第二定律是人们在生产实践和科学实验中的经验总结,它不涉及物质的微观结构,也不能用数学加以推导和证明,但它的正确性已被无数次的实验结果所证实。热力学第二定律涉及热和功等能量形式相互转化的方向与限度,进而可推广到有关物质变化过程的方向与限度的普遍规律。由于自发过程的种类极多,因此热力学第二定律的应用非常广泛,如热能与机械能的传递和转化、流体扩散与混合、化学反应、燃烧、辐射、溶解、分离和生态等过程。

1. 热力学第二定律建立的历史过程

19 世纪初,蒸汽机在工厂、矿山和交通运输等领域已得到了广泛应用,但人们对蒸汽机的理论研究仍然十分缺乏。热力学第二定律是在研究如何提高热机效率问题的推动下逐步提出的。1824 年,卡诺提出了著名的卡诺定理,找到了提高热机效率的根本途径。然而,卡诺当时采用了错误的热质说观点来研究问题。到了 19 世纪中期,在迈耶、焦耳、亥姆霍兹等人的努力下,热力学第一定律以及更普遍的能量守恒定律建立起来了,正确的热动说观点也普遍为人们所接受。1848 年,开尔文在卡诺定理的基础上建立了热力学温标,从理论上解决了各种经验温标不一致的问题。这些为热力学第二定律的建立准备了条件。1850 年,克劳修斯从热动说观点出发重新审查了卡诺的工作,并考虑到热传导总是自发地将热量从高温物体传给低温物体这一经验事实,从而得出了热力学第二定律的初次表述。后来又历经了多次的简练和修改,逐渐演变为现行物理教科书中公认的"克劳修斯表述"。与此同时,开尔文也独立地从卡诺的工作中得出了热力学第二定律的另一种表述,后来演变为现行物理教科书中公认的"开尔文表述"。

2. 热力学第二定律的两种表述

开尔文表述:不可能制成一种循环工作的热机,它只从单一热源吸收热量,使之完全变成有用的功而不产生其他影响。

克劳修斯表述:热量不可能自发地从低温物体传到高温物体而不产生其他影响。

需要注意的是,上述热力学第二定律的两种表述是等价的,我们由一种表述的正确性完全可以推导出另一种表述的正确性。两种表述都指明了自然界宏观过程的方向。克劳修斯

表述是从传热的角度说的,即热量只能自发地从高温物体传向低温物体,不可能从低温物体传向高温物体而不产生其他影响。这里"不产生其他影响"是很重要的,因为利用致冷机就可以把热量从低温物体传向高温物体,但是必须通过外界做功。开尔文表述则是从热功转化的角度说的。功完全转化为热,即机械能完全转化为内能是可以的,在水平地面上运动的木块由于摩擦生热而最终停下来就是一个典型例子。但是反过来,从单一热源吸收热量完全转化成有用的功而不引起其他影响则是不可能的。所谓单一热源,是指温度均匀并且保持恒定的热源,若热源的温度是不均匀的,则可以从温度较高处吸收热量,又向温度较低处放出热量,这就相当于工作在两个热源之间了。所谓不产生其他影响,是指除了从单一热源吸热,这些热量全部用来做功以外,其他都没有变化。如果没有"不产生其他影响"这个限制,从单一热源吸热而全部转化为功是可以做到的,如理想气体在等温膨胀过程中,气体从热源吸热而膨胀(对外界做功),由于该过程中理想气体温度保持不变,而理想气体又不计分子势能,因此气体的内能保持不变,从热源吸收的热量就全部转化成了功。但是该过程中气体的体积膨胀了,因此不符合"不产生其他影响"的条件。

一个热力学系统从某一初始状态出发,通过某过程达到新状态,若存在其他过程,能使系统及其外部环境完全复原(即系统回到初始状态,同时消除原过程对外部环境的影响),则称该过程为可逆过程。相反,若无法使系统及其外部环境完全复原,则为不可逆过程。可逆过程是理想化的抽象,现实中并不存在,但它在理论和计算上具有重要意义。大量事实告诉我们:与热现象有关的实际宏观过程都是不可逆过程。一般来说,只要明确某个不可逆过程的方向性,就可以视为热力学第二定律的表述,因为所有不可逆过程都具有某种内在统一性。

克劳修斯表述指出:热传导过程是不可逆的。开尔文表述指出:功变热(确切地说,是机械能转化为内能)的过程是不可逆的。两种表述的本质是分别选择了一种典型的不可逆过程,指出无论采用何种方法,都无法使系统恢复原状而不引发其他变化。下面介绍三个不可逆过程的典型例子。

(1)气体向真空自由膨胀

如图 3.3 所示,容器由隔板分为两部分,A 部分装有理想气体,B 部分为空。去掉隔板后,气体会自由膨胀充满整个容器。

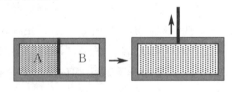

图 3.3　真空自由膨胀

(2)两种理想气体的扩散混合

两种理想气体被隔板隔开,具有相同的温度和压强。去掉隔板后,两种气体会扩散并混合。

(3)焦耳的热功当量实验

实验中,重物下降带动叶片转动对水做功,使水的内能增加(无法制造这样一台机器:在其循环工作中将重物升高的同时使水冷却而不产生其他影响),如图 3.4 所示。

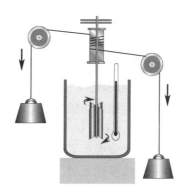

图 3.4　热功当量实验

3. 热力学第二定律的适用范围

（1）热力学第二定律主要适用于宏观系统，对由少量分子组成的微观系统并不适用。

（2）热力学第二定律主要针对绝热系统或孤立系统，对生命体（开放系统）并不适用。开尔文在叙述热力学第二定律时，曾特别指出动物体不同于热机，该定律仅适用于无生命物质。

（3）热力学第二定律建立在有限的空间和时间所观察到的现象上，不能被外推应用于整个宇宙。19 世纪，一些科学家错误地把热力学第二定律应用于无限的、开放的宇宙，提出了"热寂说"。他们声称：未来宇宙将达到热平衡，一切变化都将停止，从而宇宙也将死亡。要使宇宙从平衡态重新活动起来，只能依靠外力推动。这为唯心主义提供了所谓的"科学依据"。

热寂说的荒谬之处在于将无限的、开放的宇宙视为热力学中的孤立系统。实际上，后来科学的发展已经证明宇宙演变的过程不遵守热力学第二定律。恩格斯在《自然辩证法》中也指出了"热寂说"的错误。根据物质运动不灭的原理（对应能量守恒定律或热力学第一定律），恩格斯深刻地指出：放射到太空中去的热一定有可能通过某种途径转变为另一运动形式，在这种运动形式中，它能重新集结和活动起来。热力学第二定律和热力学第一定律一样，是实践经验的总结，它的正确性是由它的一切推论都为实践所证实而得到肯定的。

第四节　热机与第一次工业革命

上一节提到，热力学第二定律的发现与提高热机效率的研究密切相关。尽管蒸汽机在 18 世纪就已发明，但从创立到广泛应用，经历了很长时间。1765 年起，瓦特两次改进了蒸汽机设计，使其应用得到了很大发展，但效率仍不高。如何进一步提高热机效率成了当时工程师和科学家共同关注的问题。

一、卡诺对热机的研究

卡诺的父亲率先研究了这类问题，在他的著作中讨论了各种机械的效率，隐讳地提出这样一个观念：设计低劣的机器往往存在"丢失"或"浪费"。在当时的水力学中，有一条卡诺原理,由卡诺父亲提出,指出效率最大的条件是传送动力时不出现振动和湍流,这实际上反映了能量守恒思想。

1824 年,卡诺发表了一篇论文,提出了在热机理论中具有重要地位的卡诺定理。他指出:为了最普遍地研究热能产生运动的原理,必须抛开任何特定的机械结构或工作物质,不仅要研究蒸汽机的原理,还要研究所有可能的热机原理,无论这些热机使用何种工作物质,以及如何运行。

卡诺采用这种最普遍的研究方法,充分展示了热力学的精髓。他排除了所有次要因素,直接选择了一个理想的循环过程,并在此基础上建立了热量与其转移过程中所做功之间的理论联系。他的假设如下:两个物体 A 和 B 分别保持恒定的温度,其中 A 的温度高于 B。无论这两个物体是吸收还是释放热量,都不会引起温度变化,它们的作用就像是两个无限大的热源。A 和 B 分别称为发热器和冷凝器,如图 3.5 所示。

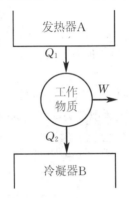

图 3.5　卡诺热机示意图

卡诺提出的理想循环包括两个等温过程和两个绝热过程。工作物质与高温热源接触做等温膨胀,过程中工作物质吸收热量;工作物质与低温热源接触做等温压缩,过程中工作物质释放热量。一个循环结束后,可以对外界做功。基于这个循环,卡诺提出了一个普遍命题:热的动力与实现动力的工作物质无关,动力的量仅取决于两个热源的温度。

利用"热质守恒"的假设和永动机不可能实现的经验总结,卡诺通过逻辑推理证明了他的理想循环具有最高效率。他写道:"如果有任何一种使用热的方法,优于我们所使用的,即如有可能用任何一种过程,使热质比上述操作顺序产生更多的动力,那就有可能使动力的一部分转化于使热质从物体 B 送回到物体 A,即从冷凝器回到发热器,于是就可以使状态复原,重新开始第一道操作及其后的步骤,这就不仅造成了永恒运动,甚至还可以无限地创造出动力而不消耗热质或任何其他工作物质。这样的创造与公认的思想,与力学定律以及与正常的物理学完全矛盾,因而是不可取的。由此可得结论:用蒸汽获得的最大动力也是用任何其他手段得到的最大动力。"

这就是卡诺定理的最初表述。用现代词汇来讲就是:热机必须工作在两个热源之间,热机的效率仅取决于两个热源的温度差,而与工作物质无关,在两个固定热源之间工作的所有热机中,可逆热机的效率最高。

然而,由于卡诺坚信热质说,他的结论包含了一些错误成分。例如,他将蒸汽机比作水轮机,热质比作流水,热质从高温流向低温,总量不变。他写道:"我们可以足够确切地把热的动力比之于瀑布 …… 瀑布的动力取决于其高度和液体的量;而热的动力则取决于所用热质的量以及热质的'下落高度',即交换热质的两物体之间的温度差。"

卡诺就这样把热质的转移和机械功联系了起来。由于他缺乏热功转化的思想,因此对于热力学第二定律,"他差不多已经探究到问题的底蕴。阻碍他完全解决这个问题的,并不是事实材料的不足,而只是一个先入为主的错误理论"。(恩格斯《自然辩证法》)

1832 年,卡诺因猩红热和流行性霍乱去世,年仅 36 岁。他留下的一部分手稿显示,他后来也转向了热动说,并预言了热功之间的当量关系和分子动理论。遗憾的是,这些手稿直到 1878 年才发表,因此对热学的发展没有起到应有的作用。

二、卡诺热机效率

热机在工作过程中,发热器(高温热源)中的燃料燃烧时放出的热量并没有全部被工作物质(后简称工质)所吸收,而工质从发热器所得到的那部分热量也只有一部分转化为机械功,其余部分随工质排出,传至冷凝器(低温热源)。工质所做的机械功中还有一部分因克服器件摩擦而损失。

转变为有用功的热量跟发热器中燃料燃烧时放出的热量的比叫作热机效率,也叫作热机的有效效率,通常用百分数来表示。

按照卡诺的要求,即不考虑能量损耗(此时的热机称为卡诺热机),热机工作在两个恒温热源之间时,经过推算可得热机效率为

$$\eta = 1 - \frac{T_2}{T_1},$$

其中 T_1 代表热机高温热源的热力学温度,T_2 代表热机低温热源的热力学温度。例如,若高温热源的热力学温度 $T_1 = 1\,000\,\text{K}$,低温热源的热力学温度 $T_2 = 300\,\text{K}$,则卡诺热机效率是 $1 - \frac{T_2}{T_1} = 70\%$。

如果将系统从高温热源吸收的热量记作 Q_1,向低温热源放出的热量记作 Q_2,则

$$\eta = 1 - \frac{Q_2}{Q_1}。$$

从上式中可以看出,Q_1 越大,Q_2 越小,卡诺热机效率越高。这是热机效率的主要影响因素,它表明了热机中热量的可利用程度。

热机的效率是热机问世以来科学家、发明家和工程师们一直研究的重要问题。现在的内燃机和喷气机跟最初的蒸汽机相比,效率虽然提高了很多,但从节约能源的要求来看,热机的效率还远远不能满意。现在最好的空气喷气发动机,在比较理想的情况下其效率也只有 60% 左右。用得最广的内燃机,其效率最多只达到 40% 左右,大部分能量被浪费掉了。

卡诺热机理论及效率公式,没有考虑能量损耗,是一种理想情况。要提高热机的效率,应从以下几个方面进行考虑:

(1)保证活塞滑动灵活,并且密封性好;

(2)保证喷头无损,喷雾均匀;

（3）连杆转轴等处摩擦力小；

（4）使用合适的燃料；

（5）对于不可避免的热能损失，可用作其他用途（如加热水等）。

三、第一次工业革命

在最近400多年的人类飞速发展中，热机扮演了非常重要的角色，被称为第一次工业革命的动力源的蒸汽机就属于热机中的外燃机，而在汽车上广泛使用的汽油发动机、柴油发动机则属于热机中的内燃机。

你可能听过关于"瓦特与水壶"的故事（见图3.6）：当瓦特还是个孩子时，他看到炉子上的水壶里的水开始沸腾，随后蒸汽将壶盖推了起来。这个现象给瓦特带来了启示，长大后他改良了蒸汽机，并成为一位著名的发明家。然而，这只是一个传说。实际上，瓦特改良蒸汽机并非源于他童年的灵感，而是基于对前人成果的吸收以及他个人的努力。为了纪念这位伟大的发明家，国际单位制中的功率单位瓦［特］（W）便以他的姓氏命名。

图3.6　瓦特的故事

18世纪，从英国发起的技术革命是技术发展史上的一次巨大革命，它开创了以机器代替手工的时代。这次革命是从工作机的诞生开始的，并以蒸汽机作为动力机被广泛使用为标志。这一次技术革命和与之相关的社会关系的变革，被称为第一次工业革命或者产业革命。

阅读材料

超低温世界

在低温工程中，一般将1 K以下的温度称为超低温。

我们研究的物质是由分子、原子或离子等粒子构成的。这些粒子或大或小，相互受力而结合，在力的作用下保持最稳定的状态，即处于能量的最低状态，这是一个排列整齐、极为有序的状态。扰乱这一秩序的是热能，即粒子的热运动或热振荡等。热能使原子振荡，激发电子，使微小的世界活跃起来。物质的各种状态和性质最终都建立在它们的平衡之上。

mK区的超低温领域的开发，自20世纪70年代以来进展迅速。这是由于20世纪60年代后半期超导磁体的应用及稀释致冷机的发展已经达到了普及的程度。产生mK区温度的典型方法是采用稀释致冷机和核绝热去磁法。

^{3}He 和 ^{4}He 是氦的两个稳定的同位素。^{3}He 是具有 $\frac{1}{2}$ 核自旋的费米子,而 ^{4}He 是玻色子。由于各自服从的统计规律不同,因此在低温下它们的性质有很大不同。稀释致冷机就是利用了这个性质来产生低温。

利用磁体的熵来降低温度的想法,早在 1926 年就有了。在稀释致冷机开发之前,核绝热去磁法是获得 mK 区温度的唯一手段。利用核绝热去磁法获得的最低温度的记录,在原子核自旋的场合约为 10^{-9} K,对于包含电子晶格的平衡温度,在金属场合为 10 μK,氧则可达到 100 μK。

处于超低温区的一些物质,具有一些特别的性质。例如,液氦温度降到 2.2 K 时,它不仅不再收缩,反而膨胀。人们称 2.2 K 以上的氦为氦Ⅰ,2.2 K 以下的氦为氦Ⅱ。后来又发现,氦Ⅱ可以通过连气体都无法通过的内径极细的毛细管。人们还发现在 2.2 K 以下液氦的黏度系数接近于零。物质不存在黏滞现象的性质,称为超流性。下面我们对处于 mK 温区的某些物质的量子现象进行介绍。

一、超流 ^{3}He

在用常规超导微观理论成功说明超流现象后不久,人们就预测由费米子构成的液态 ^{3}He 也能形成超流体。1972 年,在有关 ^{3}He 的实验中,发现了液态 ^{3}He 向超流状态的转移,^{3}He 由于形成库珀对而具有超流性。在超流 ^{3}He 中,自旋与轨道运动双方有关,所以超流状态的记忆变得复杂了,但作为超流的内容就更丰富了。

二、固态 ^{3}He

温度接近于 0 K 的 ^{3}He 在 3.44 MPa 以上的压力下会变为固态。由于固态 ^{3}He 具有较大的零点能,原子间相互作用弱,因此通过隧道运动,两个或数个原子边相互交换它们的位置边相互围绕运动。这样的系统称为量子固体。对 ^{3}He 而言,在熔解线附近,粗略估计 1 s 内变换位置约 1 万次。^{3}He 具有伴随原子核的 $\frac{1}{2}$ 自旋的磁矩,由于原子核的磁矩比电子的小得多,因此其偶极子相互作用引起核自旋系的磁相变,除特殊情况下,温度变得非常低,在 1 μK 以下。然而,^{3}He 原子频繁地相互交换位置,产生很大的相互交换作用,在 mK 温区就将产生核磁相变。在 ^{3}He 中,不仅存在两个原子的位置交换,也存在三个原子及四个原子同时交换它们位置的情况,特别是四个原子的交换作用更为重要。

三、^{3}He -^{4}He 混合液

在零压力下,即使在绝对零度的 ^{4}He 中,理论上也能溶入 6.4% 的 ^{3}He。可以认为在极低温度的稀释溶液中,玻色冷凝的 ^{4}He 几乎完全处于基态,声子和旋子的热激发可以忽略不计。^{4}He 只不过是为费米子 ^{3}He 提供一个运动场所,这也称为"力学的真空"。总之,可以做这样的描述,常流 ^{3}He 就像处于真空中的气体分子那样,在超流 ^{4}He 中自由运动。当然,并不是真正的真空,^{3}He 拨开周围的 ^{4}He 向前运动,所以常与周围进行相互作用。当我们把与周围的相互作用考虑为一个粒子时,则这种粒子叫作准粒子。这样一来,可以将 ^{3}He -^{4}He 混合液作为费米子,看作 ^{3}He 准粒子团。这就意味着可以像考虑金属中传导电子的体系那样来考虑问题。

除了 ^{3}He 准粒子间直接的相互作用外,由于自身的运动,相互交换周围形成的 ^{4}He 声子的相互作用也存在。如果把这些作用都视为 ^{3}He 准粒子间的相互作用,那么由以往各种实验结果来看,准粒子的相互作用是引力的作用。1956 年库珀发现,若费米子间有引力相互作用,则正常的费米分布在某一温度下将变得不稳定。

电磁学是研究电磁现象及其规律的一门基础学科，是物理学的重要组成部分。电磁学与人类生活和生产实践紧密相连，电磁学理论是现代科学技术发展的基础，促进了无数新理论、新技术的产生和发展。

历史上，磁曾被认为是与电无关的现象，随着磁学内容的发展和应用的扩大，磁学成为独立的、与电学平行的学科。近代物理学认为，磁现象是由电荷运动形成的，因而磁学和电学在内容上无法截然割裂，尤其是两个重要的现象：电流的磁效应（1820年由奥斯特发现）和电磁感应现象（1831年由法拉第发现），导致两门原本独立的学科逐渐融为一体而形成完整的分支学科——电磁学。

基于前人电磁方面的研究结论，麦克斯韦经过系统全面的分析综合，得出关于电磁场的基本方程——麦克斯韦方程组，奠定了完整的电磁场理论体系。因此，麦克斯韦在理论上预测了电磁波的存在。1888年左右，赫兹通过实验证实了这一预测。

电磁学理论的建立和完善是物理学史上划时代的里程碑之一，完成了物理学的又一次大综合，为现代无线电电子工业奠定了理论基础，对世界经济、政治及文化的发展产生了深远影响。

第一节　电磁学天空最亮的星辰

一、奥斯特

1820 年,奥斯特发现了电流的磁效应:当电流通过导线时,会使旁边的小磁针发生偏转(见图 4.1)。这是科学史上的重大发现,它立即引起了那些意识到其重要性和价值的科学家们的注意。在这一重大发现之后,一系列新的发现不断涌现。安培发现了电流之间的相互作用,阿拉戈则制造出了第一个电磁铁等。安培曾写道:"奥斯特先生 …… 已经永远把他的名字和一个新纪元联系在一起了。"

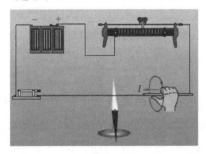

图 4.1　奥斯特实验

二、安培

受电流的磁效应的启发,安培(见图 4.2)发现了"同向电流相互吸引,反向电流相互排斥"的现象,还证实了载流线圈具有和磁针相似的性质,之后相继提出了著名的安培定律、分子电流假说、磁场的安培环路定理。安培拥有超前的想象力和创造力,著名的分子电流假说指出了物质磁性的本源,他将一切物理现象归纳为粒子间的吸引或排斥作用,并以清晰明了的数学形式表示出来。安培在电磁学研究中引入经典力学,在实验的基础上进行数学推导,得到一系列的电动力学公式。1822 年,他总结了当时有关电动理论的研究成果,发表了《电动力学的观察汇编》,1827 年,他又发表了《电动力学现象的数学理论》。国际单位制中,电流的单位安[培](A) 是对这位伟人的致敬和纪念。

图 4.2　安培

三、法拉第

法拉第(见图 4.3)提出法拉第电磁感应定律,给出力线和场的概念,发现了磁光效应(也叫法拉第效应)和物质的抗磁性。他做出了关于电力场的关键性突破,永远改变了人类文明。法拉第是电磁场理论的奠基人,把磁力线和电力线的重要概念引入了物理学,并通过

图 4.3　法拉第

引入场的概念,为当代物理学中的许多进展开拓了道路,其中包括麦克斯韦方程组。爱因斯坦曾指出,"场的思想是法拉第最富有创造性的思想,是自牛顿以来最重要的发现"。麦克斯韦将场的思想传承并发扬光大,通过数学形式的表述,建立了一整套完整的电磁场理论。基于法拉第电磁感应定律的应用,人们制造了感应发电机,从蒸汽机时代进入了电气化时代,具有划时代的意义。法拉第因在电磁学领域的杰出贡献而被誉为"电学之父"和"交流电之父"。

四、麦克斯韦

麦克斯韦(见图 4.4)是经典电动力学的创始人,统计物理学的奠基人之一。他集前人(库仑、高斯、安培、法拉第等人)之大成,用数学方法描述法拉第的力线和场的思想,创立了完整的电磁场理论。麦克斯韦被广泛认为是对物理学产生最大影响的物理学家之一。没有电磁学就没有现代电工学,也就不可能有现代文明。

图 4.4　麦克斯韦

1855 年,麦克斯韦发表《论法拉第的力线》,文中用矢量场的数学形式描述了电磁场,并用数学公式表示电场与磁场之间的关系。

1861 年,麦克斯韦在深入分析研究法拉第电磁感应的基础上,提出了感生电场(涡旋电场)的假设,同年 12 月,麦克斯韦再次大胆假设,提出位移电流的概念,这两个了不起的开创性假设揭示了电场和磁场之间的关系,是电磁学上的一个重大突破。

1864 年,麦克斯韦发表了《电磁场的动力学理论》,对先驱者和自己的工作进行了整合概述,以简洁、对称、完美的数学形式呈现了电磁场理论,并导出了电磁波的电场方向、磁场方向和传播方向相互垂直,更令人惊叹的是得出了真空中电磁波的传播速度等于 3×10^8 m/s(正好等于实验测得的光速),由此麦克斯韦提出光是一种电磁波。20 多年后,赫兹用实验证实了这个论断。

1873 年,麦克斯韦的《电磁通论》对电磁场的规律做了全面系统总结性的论述,被尊为继牛顿《自然哲学的数学原理》之后的一部最重要的物理学经典。简洁、完美的麦克斯韦方程组让世人赞叹不已,玻尔兹曼借用歌德的诗赞美道:"叹问这莫非是神谱写的如此美妙的诗句吗?"

麦克斯韦成就了原本分离的电学和磁学的整合统一,用数学理论概括了当时的电磁现象和光现象的规律,是牛顿之后物理史上的又一次光辉成就大综合。麦克斯韦、牛顿和爱因斯坦被认为是物理学发展史上最杰出、最伟大的三位科学家,是里程碑式的人物,能够让人类对自然界看得更深更远。

第二节　静　电　学

静电学是电磁学中最古老的分支,研究静止电荷的性质及由静止电荷激发的电场的特性和规律。静止电荷所激发的电场称为静电场,静电场对场中的电荷有作用力,静电学是现代科学技术发展的基础。

一、静电学基本概念

奥妙无穷的自然界向人类尽情展示着变幻美妙的物理世界,电现象充斥着生活和生产的方方面面,引导着人们去探索和发现。

1. 电荷及其产生

毛皮摩擦过的橡胶棒和丝绸摩擦过的玻璃棒,能吸引轻小物体,是因为橡胶棒和玻璃棒带了电,有了电荷。正、负电荷的概念最初由美国物理学家富兰克林提出。自然界中存在两种电荷,将丝绸摩擦过的玻璃棒上所带的电荷称为正电荷,将毛皮摩擦过的橡胶棒上所带的电荷称为负电荷。由实验可知,同种电荷相互排斥,异种电荷相互吸引。物体所带电荷的数量,叫作电量,用 Q 或 q 表示。国际单位制中,电量的单位是库[仑](C)。

图 4.5　验电器

验电器(见图 4.5)可测量物体的带电量。玻璃瓶的橡胶塞中插有一根金属杆,杆的上端有一金属球,下端连有一对金箔(或铝箔),即可构成一简易的验电器。当带电体接触金属杆上端的小球时,电荷将传到金属杆下端的两块金箔上。因同种电荷相互排斥,金箔将张开,带电量越多,张角就会越大。

2. 带电现象微观解释

近代物理学的物质微观结构可以解释带电现象。分子、原子组成通常的物质,而原子由居于中心的原子核和绕核旋转的核外电子组成,原子核中有质子和中子,中子不带电,质子带正电,核外电子带负电。

摩擦为什么会带电呢? 因为摩擦使得一些电子脱离了原子核的束缚,跑到另一个物体上去了,失去电子的物体带正电,得到电子的物体就带负电,即电子发生转移。感应起电本质是电子从物体的一部分转移到另一部分。

3. 电荷守恒定律

当玻璃棒被丝绸摩擦时,棒上带有正电荷,实验测定,丝绸上带有等量的负电荷。其实在物体带电的过程中,电荷既没有被消灭,也没有被创造,只是发生了转移。在变化过程中,正、负电荷总是同时等量出现。而当等量异种电荷相遇时,发生中和,物体显电中性,不带电了,这就是电荷守恒定律。

随着科技发展,现代物理研究已表明,电荷是可以产生和消失的,然而电荷守恒定律依然成立。例如,一个高能光子与一个重原子核作用时,可以"产生"电子对(光子转化为一个正电子和一个负电子)。而一个正电子和一个负电子相遇时,又可能导致电子对"湮灭",产生两个以上的光子。光子不带电,正、负电子各带有等量异种电荷,电荷的产生和消失并不改变系统中的电荷代数和,因此电荷守恒定律依然成立。

4. 电荷的量子化

由实验可知,电量总是以一个基本单元整数倍的形式存在,任何带电体的电量只能取分立的不连续量值,这一现象叫作电荷的量子化。这个基本单元称为元电荷,以 e 表示,有

$$e = 1.602 \times 10^{-19} \text{ C}。$$

微观粒子所带的电量只能是 e 的整数倍,即 Ne,N 取整数。直接测定出元电荷的实验是密立根于 1913 年设计的油滴实验。近代物理从理论上预言基本粒子由若干种夸克或反夸克组成,每一个夸克可能带有 $\pm \frac{1}{3} e$ 或 $\pm \frac{2}{3} e$ 的电量,迄今为止的所有实验仍没发现单独夸克的存在。当然,即使将来真的发现了自由夸克,电荷量子化的结论也仍然成立,只是这个基本的电量变为 $\frac{1}{3} e$ 或 $\frac{2}{3} e$。

5. 库仑定律

为了定量研究电荷之间相互作用的规律,1785 年,法国科学家库仑通过扭秤实验总结出真空中点电荷之间的静电力所满足的基本规律,即库仑定律。

库仑定律可以描述为:在真空中,两个静止的点电荷之间的作用力的大小与它们的电荷量乘积成正比,与它们之间的距离平方成反比,且作用力的方向沿着它们之间的连线,同种电荷相互排斥,异种电荷相互吸引。库仑定律的数学表达式为

$$F = k \frac{q_1 q_2}{r^2},$$

其中 F 为库仑力(斥力或吸力),q_1 和 q_2 分别为两点电荷的电荷量,r 为两点电荷之间的距离,$k = \frac{1}{4\pi\varepsilon_0}$($\varepsilon_0$ 为真空电容率)为比例系数,通常取 $k = 9.0 \times 10^9 \text{ N} \cdot \text{m}^2/\text{C}^2$。

二、静电场的描述

当用球拍击球时,球拍和球直接接触,球受到球拍的作用力;当人推车时,人的手和车直接接触,车受到手的作用力。但是两电荷即使不直接接触,也存在相互作用力,自然界中还有磁力、万有引力等,即使两个物体相隔一定距离,仍有相互作用。关于这类力的传递问题,物理学历史上有过不同见解,一种是"超距作用"观点,即认为这类力的传递无须媒介、无须时间,能够发生在相隔一定距离的两个物体之间。另一种"近距作用"观点认为:这类力是通过"以太"来传递的,"以太"是充满空间的弹性介质。随着物理学的发展,理论和实践证明,"超距作用"的说法是错误的,例如虽然电场和磁场的速度是光速,但传递仍需时间;"近距作用"观点所假设的"以太"也不存在,例如电场力和磁力是通过电场和磁场传递的。

1. 电场

近代物理学的理论和实验揭示:只要是电荷,都会在周围空间激发出电场。电荷在场中受到的力叫作电场力,电荷之间的相互作用是通过电场传递的。

在图 4.6 中,电荷 Q_1 在周围空间激发一个电场,电荷 Q_2 在这个电场中会受到电场力 F_{21} 的作用。同时,电荷 Q_2 也会在周围空间激发一个电场,电荷 Q_1 在这个电场(Q_2 激发的)中会受到电场力 F_{12} 的作用。因此,电荷之间通过电场发生相互作用,即电荷激发电场,电场对电荷有力的作用。

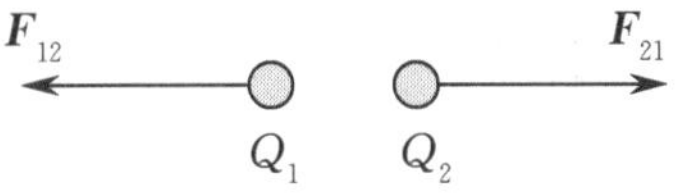

图 4.6 电荷间的相互作用

电场看不见,摸不着,但物理实验完全可以证明它的物质属性,电场能对电荷产生力的作用,具有动量、能量等性质。因此,电场是客观存在的,是物质存在的一种形式。

2. 电场强度

电场强度是描述空间各点电场强弱及方向的物理量。

真空中有一静止点电荷 Q 在周围空间激发静电场(电荷 Q 可称为场源电荷),将另一点电荷 q_0(称为试探电荷或检验电荷)移至点电荷 Q 周围的一点(称为场点)处并保持静止,通过测量试探电荷 q_0 在点电荷 Q 激发的电场中不同点的受力情况可定量地描述电场。

由实验可得,试探电荷 q_0 在空间任一场点受到的电场力 F 和 q_0 的比值与试探电荷本身无关,只取决于场源电荷 Q 和场点的位置,即与试探电荷所在点的电场的性质有关,所以把这个比值 $\dfrac{F}{q_0}$ 作为描述静电场中给定场点的客观性质的一个物理量,称为电场强度,简称场强,用 E 表示,即

$$E = \frac{F}{q_0}。$$

如果电场中各点的 E 的大小、方向都相同,那么这种电场就叫作均匀电场。在国际单位制中,场强的单位是牛[顿]每库[仑](N/C)。置于电场中任一点的点电荷 q_0 所受的力为

$$F = q_0 E。$$

3. 电场线

电场中每点的场强 E 都有大小和方向,为了直观形象地显示电场在空间的分布,引入电场线的概念。电场线是在电场中画出的一系列假想的曲线:电场线上每一点的切线方向表示该点场强的方向;电场线的疏密表示场强的大小,电场线越密集,表明场强越大。几种特殊电场的电场线如图 4.7 所示。电场线具有以下性质:(1)电场线始于正电荷或无穷远,终于无穷远或负电荷,不会在没有电荷的地方中断。(2)静电场中,电场线不形成闭合曲线。(3)电场线(在没有电荷处)不会相交。

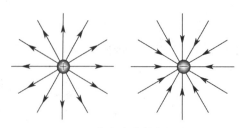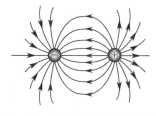

(a) 正、负点电荷的电场线   (b) 一对等量异号点电荷的电场线

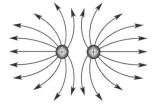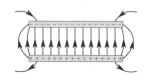

(c) 一对等量同号点电荷的电场线   (d) 带电平行板电容器的电场线

图 4.7   几种特殊电场的电场线

实验可以显示电场线,撒些细小的石膏晶粒在水平玻璃板上,外加电场后,它们就会沿电场线排列。需注意,电场线是人为引入的,而非客观存在的。

第三节   稳 恒 磁 场

一、磁的基本现象

公元前 600 年,人们就发现天然磁石吸铁的现象,地球本身就是“天然磁石”,中国古代的四大发明之一“指南针”就是磁性器件。

所谓“磁性”,就是能吸引铁、钴、镍等物质的特性。磁性物质分天然磁石和人造磁铁,天然磁石的化学成分是 Fe_3O_4,生活中的磁铁多半是人工制成的,人们将铁、钴、镍等合金放到通有电流的线圈中磁化可以得到人造磁铁。

1. 基本的磁现象实验及结论

(1) 条形磁铁两端的磁性特别强,称为磁极,但中部几乎无磁性。

(2) 条形磁铁或磁针会自动转向南北方向,指北的一极称为北极(N 极),指南的一极称为南极(S 极)。

(3) 同性磁极相互排斥,异性磁极相互吸引。

(4) “天然磁石”地球的 N 极位于地理南极的附近,S 极位于地理北极的附近。

(5) 小磁针放在通电导线附近,不一定指向南北,可能发生偏转,即电流可对磁体施加力的作用。

(6) 马蹄形磁铁两极间放置导线,通电后导线就会移动,即磁体可对载流导线施加力的作用。

（7）平行的两根细直通电导线中,如果通有相反方向的电流,它们相互排斥,通有相同方向的电流,它们相互吸引,即电流之间有力的作用。

任意磁体,无论怎么分割,每一小块磁体仍具有各自的 N 和 S 两极。我们知道,正负电荷可以独立存在,但 N 极和 S 极无法单独存在(单独存在的磁极称为磁单极子,至今实验尚未观察到磁单极子的存在)。

2. 物质磁性的电本质

19 世纪早期,安培提出了有关磁性本质的分子电流假说:组成磁体的最小单元是分子环形电流,当环形电流定向排列时,宏观上就会显示出 N,S 极(见图 4.8)。物质由原子、分子组成,原子由原子核(带正电)和电子(带负电)组成,电子绕核旋转,电子的旋转形成了分子电流,由此形成物质的磁性。

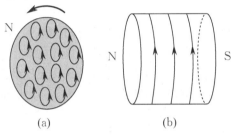

图 4.8 分子电流假说

因此,磁体以及导线中的电流,它们的磁性均来源于电荷的运动。实验中的磁现象都可归结为运动电荷(电流)之间的相互作用。

二、磁场和磁感应强度

1. 磁场

物理理论和实验证明,自然界除了电场,还存在另外一种场 —— 磁场,磁体和电流之间的相互作用正是通过磁场来传递的,一切磁现象来源于电荷的运动,因此运动电荷在周围空间产生磁场,而磁场对置于其中的运动电荷有力的作用。

电磁场中,运动电荷不仅受到电场力,还受到磁力,运动电荷在周围空间可以激发电场,同时产生磁场,磁场具有物质的客观性,只对运动电荷有力的作用,静止电荷不受磁力的作用。

2. 磁感应强度

电流(运动电荷)在周围空间产生磁场,磁场对运动电荷、载流导体或磁体有磁力的作用。实验发现:当正试探电荷 q_0 在磁场中某点以垂直磁场方向的速度 v 运动时,其所受到的磁力 $\boldsymbol{F}_{\mathrm{m}}$ 最大,比值 $\dfrac{F_{\mathrm{m}}}{q_0 v}$ 与正试探电荷 q_0 本身无关,在该点具有确定的值,可反映该点磁场的强弱。因此,磁感应强度的大小定义为

$$B = \frac{F_{\mathrm{m}}}{q_0 v},$$

方向用右手螺旋定则判断:四指由正试探电荷所受磁力 $\boldsymbol{F}_{\mathrm{m}}$ 的方向,沿小于 π 的角度转向正

试探电荷运动速度 v 的方向,此时大拇指所指的方向便是该点 B 的方向,如图 4.9 所示。

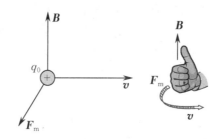

图 4.9　磁场的方向

由恒定电流产生的磁场称为稳恒磁场。

3. 磁场线

类似于电场线,磁场线是一系列假想的曲线,可以形象、直观描述磁场的空间分布。磁场中每点磁场的方向为磁场线上该点的切线方向,磁场线的疏密表示磁场的强弱,磁场线较密处,磁场较强,磁场线较疏处,磁场较弱。磁场线是无头无尾的闭合曲线,没有起点也没有终点,磁场线在空间不会相交。部分磁场的磁场线如图 4.10 所示。

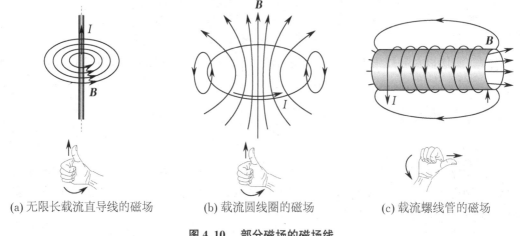

(a) 无限长载流直导线的磁场　　　(b) 载流圆线圈的磁场　　　(c) 载流螺线管的磁场

图 4.10　部分磁场的磁场线

第四节　电磁感应与电磁波

前两节中我们介绍了静电场和稳恒磁场的基本概念,在这些内容中,电场和磁场是各自独立的,但是激发电场和磁场的源 —— 电荷和电流却是相互关联的。1820 年,奥斯特发现电流的磁效应,从一个侧面揭示了电现象和磁现象之间的联系。基于方法论中的对称性原理,既然"电流能产生磁场",那么反过来"磁场应该也可以产生电流"。法拉第于1821年提出"由磁产生电"的大胆设想,之后经过近 10 年的艰苦工作,经历了无数次的挫折和失败后,终于在 1831 年发现了电磁感应现象,这一划时代的伟大发现,不仅找到了磁生电的规律,还为电磁场理论奠定了基础,开辟了人类使用电能的道路,成为现代发电机、变压器等技术的基础。

1. 电磁感应定律

1831年,法拉第做了如图4.11(a)所示的一个实验,将一个线圈与电流计相连形成一个回路,在回路中并没有外加电源,将一条形磁铁插入或拔出线圈的过程中,电流计的指针发生了偏转,这表明线圈回路中产生了电流。当磁铁相对线圈静止时,电流计指针不偏转。

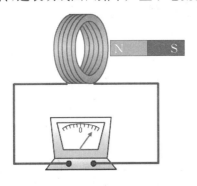 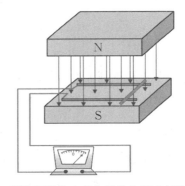

(a) 磁场发生变化时的电磁感应现象　　　(b) 回路面积发生变化时的电磁感应现象

图 4.11　电磁感应现象

为了寻找回路中电流产生的原因,法拉第做了大量的实验,大体上可归结为两类:一是线圈回路面积不变,磁铁相对线圈运动(磁场发生变化)时,线圈中产生了电流,如图4.11(a)所示;二是磁场不变,当处在磁场中的线圈回路面积发生变化时,线圈中产生了电流,如图4.11(b)所示。而与磁场及线圈回路面积都有关的一个物理量正是磁通量(穿过某面积的磁场线条数),于是法拉第将回路中电流产生的原因归结为:不论采用什么方法,只要使穿过闭合回路所围面积的磁通量发生变化,回路中便有电流产生,这种电流称为感应电流,这种现象称为电磁感应现象。

2. 电磁波

静电场、稳恒磁场以及变化的电磁场的基本知识和实验规律凝聚了无数科学工作者的努力和成果,站在巨人肩膀上的麦克斯韦,擅长于理论分析概括,实现了电磁学上的重大突破。他总结前人有关电磁场理论和实验规律,提出麦克斯韦方程组,由此得出交变电磁场以波的形式传播,从而预言了电磁波的存在。麦克斯韦认为:变化的磁场可以激发涡旋电场,变化的电场可以激发涡旋磁场;变化的电场和磁场相互激发,不可分割,一环套一环,由近及远向外传播,这种变化的电磁场在空间的传播就称为电磁波(见图4.12)。1888年,德国物理学家赫兹第一次用振荡偶极子实验直接证实了电磁波的存在,测定了电磁波在真空中的传播速度等于光速。

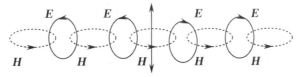

图 4.12　电磁波的传播

麦克斯韦电磁场理论意义非凡,涵盖重要的电磁现象,并且将光学现象统一在这个理论框架之内,是自然科学中最完整和完美的理论之一,也是电工学、电子学和通信技术等领域的重要理论基础,促进人们更深刻地了解和认识物质世界。

第五节　身边的电磁学

"电"与"磁"充斥着现代生活的方方面面,通信、医学等各领域应用都离不开电磁场理论。手机、扫码、人脸识别等电磁技术应用随处可见,很难想象没有电磁的世界如何维持现代文明运转。电磁技术的发展必将导致新发明层出不穷,对人类生活产生更为深远的影响。

一、极光

人类生活的地球是一个巨大的磁体,会受到外界扰动。太阳风是来自太阳的高温高速的带电粒子流(主要成分是电离氦和电离氢,可产生磁场),这些带电粒子在地球上空环绕,以大约 400 km/s 的速度运动,地磁场使其偏向地磁极。极地地区的大气层较为稀薄,有少部分带电粒子可以穿过,这些带电粒子与地球上层大气发生作用,形成极光。当太阳活动剧烈时,来自太阳的高能粒子受地球磁力的作用飞快地沿着磁场线向地球极地地区聚集,与大气中的原子和分子碰撞,使其激发,并发射出不同波长的光,人们就会看到形态万千、五彩斑斓的极光(见图 4.13)。

图 4.13　美丽的极光

极光是极地地区特有的一种大气发光现象。北半球的极光称为北极光,南半球的极光称为南极光,南、北纬度 67° 附近的两个环带状区域内,极光最为常见。被称为"北极光首都"的阿拉斯加的费尔班克斯,一年超过 200 天出现极光。

尽管极光美丽无比,但其在地球大气层中产生的能量却足以与全球各国发电厂产生的电能总和相媲美。这种能量能对无线电通信产生直接影响,扰乱无线电和雷达信号,妨碍导航卫星信号的接收。此外,极光产生的强大电流还可能在长途电话线上聚集,导致电路中的电流部分或完全"损失",甚至对电力传输线造成严重干扰,使某些地区暂时失去电力供应。如何有效利用极光产生的能量,是当前科学界一项重要的研究课题。

二、一卡通与读卡器

刷卡在现代生活既方便、安全,又快捷,生活中常用的一卡通完美应用了电磁学原理,具有容量大,数据记录可靠,有加密功能,使用方便等特点。一卡通内部采用非接触式 IC(集成电路)卡,IC 卡又称智能卡。IC 卡内部包含一个感应线圈和一个集成电路芯片,采用射频识别技术。刷卡机,即外部读卡器会发出与 IC 卡特定频率相同的脉冲,当 IC 卡靠近读卡器时,会产生电磁效应,从而使感应线圈产生共振,激活芯片进入工作状态。

现在应用很广泛的身份证读卡器,就是通过无线传输方式和居民身份证内的专用芯片完成数据交换,读出芯片内储存的个人信息,再通过计算机通信接口,将此信息上传至计算机,完成解码、显示、存储、查询、自动录入等功能,进行"人证同一性"认定。该操作灵活简便,可应用于公安、银行、民政等进行身份核验。

三、手机、蓝牙技术和物联网

1. 手机

手机是当今世界几乎人人必备的通信工具,是典型的电磁技术发展的产物。手机里拥有能够接收和发射电磁波的芯片,打电话时,手机 CPU(中央处理器)将信息传到音频 IC 编码,经中频 IC 调制,通过天线发射出去。附近的基站接收到信号后,由光纤传到机房的交换机,再将信号传到接听手机附近的基站,接听手机的天线接收信号,经过滤波、中频解调、音频解码收到信息。手机通过电磁波的发射和接收,使相处异地的人能快速进行信息交流。

2. 蓝牙技术

蓝牙技术是一种全球通用的无线通信标准,专为低成本、短距离的无线连接而设计。这种独特的近距离无线技术可在固定设备、移动设备以及楼宇内的个人域网之间实现数据和语音通信。利用蓝牙技术能够连接多个设备,为用户提供便捷的通信环境,克服了数据同步的困难。通过使用蓝牙技术,我们可以有效地简化移动通信终端设备之间的通信,并成功地简化设备与互联网之间的通信。这使得数据传输更加迅速和高效,为无线通信拓展了新的途径。

3. 物联网

随着通信、计算机和电子技术的不断发展,移动通信正在从人与人向人与物,再到物与物的通信方向转变,万物互联已成为移动通信发展的必然趋势。物联网在此背景下应运而生,被认为是继计算机和互联网产业之后,世界信息产业的第三次浪潮。

物联网是指根据约定的协议,将物品与互联网连接,进行信息交换和通信,从而达到智能化识别、定位、跟踪、监控和管理的一种网络。简单地说,物联网就是把所有的物体连接起来相互作用,形成一个互联互通的网络。物联网最基本的三个组成部分包括:(1) 安装传感器的物品,传感器可以是条形码、电量表、温度传感器等。(2) 网络系统,用于传输和存储信息。(3) 终端设备,可以是 PC(个人电脑)或 PDA(掌上电脑),现在流行的是手机。物联网中的射频识别、红外感应器、定位系统、激光扫描器等信息传感设备,无一不是电磁学发展的产物。这些新一代信息技术的综合运用,促进了生产生活智能化,具有广阔的应用前景。

四、磁悬浮列车

随着电磁感应技术的应用,无数科学家和工程师对磁悬浮技术表示出浓厚的兴趣和重视。磁悬浮技术是利用磁力克服重力使物体悬浮的一项技术,分为系统不能自稳的主动悬浮和系统能自稳的被动悬浮等。磁悬浮列车由无须直接接触的磁力支承,并由电磁力导向牵引列车运行,是高速、清洁、便利的现代化交通工具。

磁悬浮列车的两种形式是由磁铁的同性相斥和异性相吸原理决定的。

第一种磁悬浮列车是基于磁铁的同性相斥原理设计的。它使用车上的超导体电磁铁产生的磁场与轨道上线圈产生的磁场之间的斥力,实现车体的悬浮运行。

第二种磁悬浮列车则是基于磁铁的异性相吸原理设计的。在车体底部等区域安装了电磁铁,并在 T 形导轨的上方和伸臂部分下方分别设置反作用板和感应钢板,通过控制电磁铁的电流,使电磁铁与导轨之间保持 10 ~ 15 mm 的间隙,同时使导轨钢板的斥力与车体的重力达到平衡,从而实现车体在导轨上悬浮运行。

五、电磁学在医疗上的应用

电磁学的应用不仅在通信与交通方面加快了国家经济建设,在医学上更是人类的福祉,为人们的身体健康带来更多的保障,未来的应用前景不可限量。

磁疗是以磁场作用于人体治疗疾病的方法。利用人造磁场,通过生物间的电磁效应施加于人体经络、穴位和病变部位来调整人体的生理活动,可达到身体保健和治疗疾病的功效。

微波针灸是将我国传统针灸技术与电磁学微波辐射相结合的一种针灸疗法,具有得气感较强,有良好的疏通经络、活血化瘀的作用,且操作安全,临床应用非常广泛。

与微波辐射器结合的手术刀,相当于有着加温和凝血功能的新型手术刀,它同时还具有灭菌作用,特别适合眼睛和肝脏这些器官的手术使用。

第六节　所向披靡的电磁武器

"电"与"磁"不仅与我们生活联系紧密,在国防军事领域也意义重大。由于电磁武器发射的是电磁波,它具有发射速度快、全天候能力强、穿透性好等独特的优点,因此越来越受到各国的高度重视。此外,其他的电磁武器,如电磁炮(见图 4.14),也有着传统炮弹无法比拟的优势。

图 4.14　电磁炮

所谓电磁炮,就是利用电磁感应将弹体加速射出的装置。如图 4.15 所示,电磁炮主要由两条平行的长直导轨组成,弹体(炮弹滑块) 放置于两条导轨之间。导轨接通电源后,较大的电流流入其中一条导轨,经滑块从另一条导轨流回,两条导轨之间产生强磁场,通电流的滑块在磁场中受到安培力的作用,以很大的速度射出。

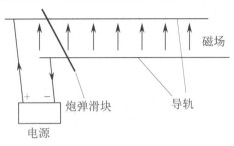

图 4.15　电磁炮原理示意图

电磁炮属于较为先进的杀伤性武器,与依靠火药燃气压力作用于弹体的传统火炮不同,电磁炮利用的是电磁场理论中的安培力。因电磁炮中磁场作用的时间较长,弹体的射程和速度得到大大提高。

电磁炮具有以下优点:

(1)电磁作用力大,弹体速度快。电磁发射的脉冲动力约为火炮发射力的10倍,所以用它发射的弹体速度很快。

(2)弹体作用威力可调可控。电磁炮可快速调节电磁力的大小,控制弹体的发射能量,方便针对不同射程和大小的打击目标。

(3)弹体具有很好的稳定性。电磁力容易控制,弹体在炮管导轨中受到的电磁力相当均匀,所以弹体稳定性好,配合卫星定位系统,具有很高的精准度。

(4)隐蔽性、安全性好。电磁炮发射时没有烟雾和火焰,也不会产生强冲击波,所以作战中比较隐蔽,不易暴露目标。此外,电磁炮能源为电能,非易燃的常规火药,有利于发射阵地的安全。

(5)成本低,造价经济。电磁炮发射的弹体价格是常规武器火药的百分之一左右,而且携带炮弹数量可增加 10 倍。

随着电磁武器技术上的突破,小型化电磁枪有望取代传统枪械,成为单兵利器。例如,反无人机电磁枪通过定向发射电磁信号,干扰无人机和遥控平台之间的无线联系,迫使其降落或者返航。

电磁导弹是一种定向传播、慢衰减、宽频谱的瞬态电磁波,有着超强的穿透力、极高的保密性和极强的抗干扰能力,可对传统导弹和电子设备进行破坏和杀伤。电磁导弹得益于极高的初速度,可拦截军舰等发射的导弹,甚至可用于摧毁低轨道卫星。电磁导弹可用于防空系统,它能打击出现在领空的各种飞机,还能远距离拦截空对舰导弹。

磁 单 极 子

　　把一根磁棒截成两段,可以得到两根新磁棒,它们都有 N 极和 S 极。事实上,不管你怎样切割,新得到的每一根新磁棒总有两个磁极。因此,人们认为磁体的两极总是成对地出现,自然界中不会存在单个磁极。

　　然而,磁和电有很多相似之处。例如,同种电荷相互排斥,异种电荷相互吸引,同性磁极也相互排斥,异性磁极也相互吸引;用摩擦的方法能使物体带电,用磁体的一极在一根钢棒上沿同一方向摩擦几次,也能使钢棒磁化。但是,为什么正、负电荷能够单独存在,而单个磁极却不能单独存在呢? 多年来人们百思而不得其解。

　　1931 年,狄拉克从理论上预言磁单极是可以独立存在的。他认为,既然电有基本电荷 —— 电子存在,磁也应该有基本单元 —— 磁单极子存在。他的这一预言吸引了不少物理学家用各种方法去寻找磁单极子。人们在各种物质,如矿物、火山灰、陨石、月球土壤中寻找过磁单极子,也在加速器产生的粒子中寻找过磁单极子。人们用了最先进的方法和最精密的仪器,但都一无所获。渐渐地,人们认为磁单极子可能根本不存在。

　　1975 年,美国的一个科研小组声称他们发现了磁单极子。实验是这样的:把一些记录仪器用气球送上天空,并把它们保持在靠近大气顶部处,一段时间后把仪器放下来进行分析。他们从胶片上发现了一条不同于带电粒子的径迹,这条径迹与理论分析得到的磁单极子的径迹相吻合,于是他们认为这就是磁单极子产生的。然而,许多物理学家对这个结果持怀疑态度。

　　1982 年,美国斯坦福大学的卡布雷拉做了一个十分精巧的实验。他把一个铌线圈降温至 9 K,使其成为超导线圈,并把它放在一个超导的铅箔筒中。该筒用以屏蔽掉一切带电粒子引起的磁通量和消除外界磁场的影响,只有磁单极子进入铌线圈时可以引起磁通量的变化。1982 年 2 月 14 日,他们的仪器测到的磁通量突然增大。经反复研究,他们认为这是磁单极子进入铌线圈引起的变化。

　　迄今为止,这个实验现象和结论还未能重复做成,所以这个实验结果还不能被肯定。

　　最受人瞩目的当数 2014 年的一项研究。据英国《自然》杂志网站报道,美国艾姆赫斯特学院的一个团队表示,他们在自旋凝聚态所产生的人造磁场中,获得了在凝聚态内涡线末端的磁单极子的真实空间图像,提供了证明磁单极子存在的证据。

　　目前,寻找磁单极子的工作仍在继续进行,科学家们不断改进实验方法,提高探测仪器的精度。完成这一寻找工作也许仍需几代人的努力,这是一项长期且艰巨的任务。

　　在磁单极子的理论研究方面,也曾提出过多种学说,各有其特点和根据。除了狄拉克最早提出的磁单极子学说外,还有磁荷和电荷完全对称并具有新的量子化条件的全对称性磁单极子学说,由杨振宁等提出的采用纤维丛新数学方法的量子力学磁单极子学说,应用统一规范场理论的规范磁单极子学说,应用爱因斯坦-麦克斯韦耦合场的相对论性耦合场磁单极子学说,以及应用超弦理论和四维规范模型的超弦磁单极子学说等。

一般看来,磁的来源总是与电相关的,即由电荷的运动(电流)产生磁场,而且产生磁性的磁矩也同电荷的运动及电子自旋相联系。这样,磁矩的两个磁极便是不能分开且单独存在的。这与物质的电性不同,因为电性中既有电矩的存在,也有分开的正电荷和负电荷的存在。这样就造成了磁和电的不对称,使描述电磁现象的麦克斯韦方程组也显得不对称,如电通密度(电位移)的散度为电荷密度,而磁通密度的散度却为零,这是因为只有磁矩,没有分离的磁荷(磁极)。

总的来看,涉及磁学、电磁对称、宇宙早期演化和微观基本粒子结构等多方面的磁单极子问题仍需要从实验观测和理论研究方面继续进行更深入的探索。

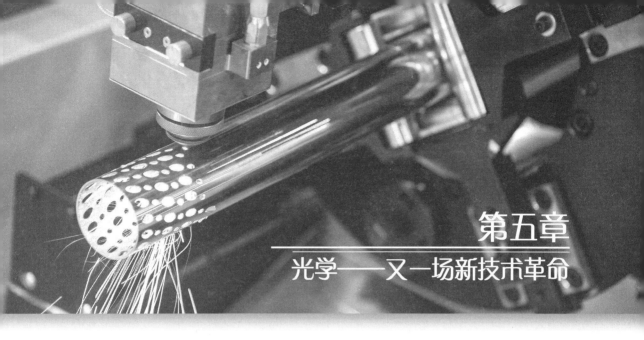

人类研究光已有三千多年的历史，其中17世纪和18世纪是光学研究的一个重要发展时期，科学家们不仅从实验上对光进行研究，还从理论上对光学知识进行系统化整理。当牛顿提出的"微粒说"被许多科学家接受时，惠更斯提出了光的"波动说"，即认为光是一种弹性机械波。波动说能解释一些光学现象，但由于当时未得到足够的实验数据支持以及牛顿的权威性，因此没有被物理学界所广泛接受。19世纪初，托马斯·杨、菲涅耳等人利用光的波动说和干涉原理，通过实验装置得到了干涉和衍射图样；马吕斯等人研究光的偏振现象，确认了光具有横波性。此时，光的波动说开始被广泛接受。后来，麦克斯韦创立的电磁场理论预言了电磁波的存在，并指出光就是一种电磁波。赫兹在进行一系列实验后，发现了电磁波并用实验验证了电磁波具有和光波类似的反射、折射、偏振等性质，用电磁场理论计算出了电磁波在真空中的传播速度与当时已测得的光在真空中的传播速度完全相等。至

此，光是电磁波的观点取代了光是弹性机械波的观点。到了19世纪末和20世纪初，通过对黑体辐射、光电效应和康普顿效应的研究，人们对光的本性的认识又向前推进了一步，即光不但具有波动性，还明显地表现出粒子性，亦即光是一种具有波粒二象性的物质，并形成了一套完整的光的量子理论（将在下一章讨论）。

光学是研究光的行为和性质的规律的学科，是物理学的重要分支。光学通常分为几何光学、波动光学和量子光学三部分。几何光学基于光的直线传播、反射定律、折射定律来描述光在介质中的传播规律；波动光学把光当作一种电磁波，研究其在介质中的传播规律，主要包含光的干涉、衍射和偏振的规律；量子光学从光子的波粒二象性特征出发，研究光的本性以及光与物质的相互作用。由于激光的出现和发展，又出现了一系列新的光学分支学科，如光度学、天文光学、海洋光学等。

第一节　几何光学回顾

一、光的反射与折射

1. 光的反射现象与反射定律

光在两种物质分界面上改变传播方向又返回原来物质中的现象,叫作光的反射,如图 5.1 所示。

(1) 镜面反射与漫反射。

镜面反射:平行光线入射到光滑表面上时反射光线也是平行的,这种反射叫作镜面反射。

漫反射:平行光线射到凹凸不平的表面上,反射光线射向各个方向,这种反射叫作漫反射。

图 5.1　自然界中的反射现象

(2) 反射定律。

在反射现象中,反射光线、入射光线和法线(过入射点且垂直于分界面的虚线)都在同一个平面内;反射光线、入射光线分居法线两侧;反射角(反射光线与法线的夹角)等于入射角(入射光线与法线的夹角),如图 5.2 所示。

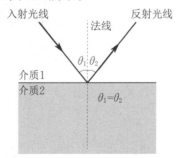

图 5.2　光的反射

(3) 平面镜成像。

平面镜成像就是光线反射的结果。中国古代在这方面是很有创造性的。最早的时候,人们用静止的水面当作镜子使用,利用其反射光线,这镜子叫作"监"(后发展为"鉴")。西周金文中的"监"字写起来很像一个人弯着腰面向盛有水的盘子照镜子。

平面镜中的像是由光的反射光线的反向延长形成的,所以平面镜中的像是虚像。虚像与物体等大,到平面镜的距离相等。虚像和物体对镜面来说是对称的。

按照平面镜成像的规律,当改变物体与平面镜之间的距离时,其所成的像的大小不变,与物体本身的大小一样。但人在观察物体时都有"近大远小"的感觉,即当人走向平面镜时,发现像在"变大",这事实上是视角的不同而导致的一种错觉。视角是指观察物体时,从物体两端(上、下或左、右)引出的光线在人眼光心处所成的夹角。物体的尺寸越小,离观察者越远,则视角越小。如果视角大,人就会认为物体大;如果视角小,人就会认为物体小。当人远离平面镜时,像与人的距离大了,人观察物体的视角也就变小了,因此所看到的像也就感觉变小了。举个通俗的例子:当前方远处有一人甲向另一人乙走来时,乙一开始看到甲是一个小黑影,而后慢慢变得越来越大,当甲走到乙面前时显得更大,但事实上甲并没有变大,这只是一种视觉错觉。

利用光线两次或多次反射的原理,可以制成各种潜望镜(见图5.3)。例如,水下的潜水艇为了观察水上的敌情,需要利用潜望镜;管道工人也可以利用特殊的潜望镜查看肉眼观察不到的地方;医院的胃镜,其实也是利用了潜望镜的原理。

如果镜面不平整,那么反射所成的像将不会与物体等大。与主光轴平行的光线入射到凸面镜(见图5.4)上,反射光线将成为发散光线,将反射光线反向延长可会聚到凸面镜后的某一点,这一点就是凸面镜的主焦点,这个焦点为虚焦点。与主光轴平行的光线入射到凹面镜上,反射光线将成为会聚光线,这些光线的会聚点就是凹面镜的焦点。凸面镜与凹面镜的镜面上各处的曲率都是相同的,如果镜面不同的部分有不同的曲率,这样的镜面就是哈哈镜,所成的像与原物会有很大的不同,甚至面目全非。

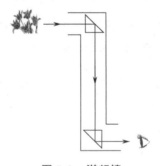

图5.3　潜望镜

图5.4　凸面镜

2. 光的折射现象与折射定律

光从一种介质斜射入另一种介质时,由于光速的变化,使光的传播方向在不同介质的交界处发生偏折的现象称为折射现象。

例如,当一根筷子斜插在水中时,会看到筷子在水上和水下的部分不在一条直线上(见图5.5),这是光的折射带来的视觉效果。

图 5.5 筷子"折断"

折射定律:(1)入射光线与通过入射点的界面法线所构成的平面为入射面,折射光线在入射面内;(2)入射角和折射角的正弦之比为一常数,称之为第二介质对第一介质的相对折射率。

光从真空射入介质发生折射时,入射角 i 与折射角 r 满足折射定律,即

$$n = \frac{\sin i}{\sin r},$$

这个比值 n 叫作介质的绝对折射率,简称折射率。

折射率与介质的密度、光线的波长、气体的压强和温度有关。由于光从光速大的介质进入光速小的介质时,折射角小于入射角,而光在真空中传播的速度最大,因此介质的折射率都大于1。同一种介质对不同波长的光,具有不同的折射率。在可见光波段,折射率通常随着波长的减小而增大,即红光的折射率最小、紫光的折射率最大。折射率是物质的一种物理性质,它是食品生产中常用的工艺控制指标,通过测定液态食品的折射率可以鉴别食品的成分,初步判断食品是否正常。正常情况下,某些液态食品的折射率有一定的范围,当这些液态食品因掺杂或浓度改变等引起食品的品质发生变化时,折射率通常会发生变化。例如,芝麻油掺水后其折射率会降低,故测定芝麻油的折射率即可判断是否掺水。

3. 彩虹的成因

彩虹(见图 5.6)是气象中的一种光学现象。当阳光照射到空中接近圆形的小水滴时,天空中会形成拱形的彩色光谱,称为彩虹。彩虹的颜色从外至内一般分为七种:红、橙、黄、绿、蓝、靛、紫。彩虹的形成原因是阳光从空气进入水滴后,先折射一次,然后在水滴的背面反射,之后在离开水滴时再折射一次,最后射向观察者的眼睛。因为不同波长的光的折射率有所不同,光发生折射时偏折的程度也就不一样。在出射光中,红色光的偏折最小,倾角最大,橙色光与黄色光次之,以此类推,倾角最小的是紫色光。一般来说,只要有阳光照在空气中的水滴上便可能产生彩虹。彩虹最常见是在晴朗天气的瀑布附近或者是下雨后刚转天晴时。在晴朗天气时向空中喷洒水雾也可以人工制造彩虹。一般冬天的气温较低,在空气中不容易存在小水滴,下雨的机会也少,所以冬天通常不会有彩虹出现。

图 5.6 彩虹

4. 全反射

当光射到两种介质分界面上时,只产生反射而不产生折射的现象称为全反射。

当光由折射率大的介质(光密介质)射入折射率小的介质(光疏介质),如从玻璃射入空气时,若入射角增大到某一临界值,折射角将达到 90°,这时在空气中将不会出现折射光线,所有的入射光线都将被反射。

由此可见,产生全反射的条件是:

(1)光由光密介质射向光疏介质;

(2)入射角必须大于临界角(折射角为 90° 时对应的入射角)。

人们利用光的全反射原理,发明了光纤(见图 5.7)。光纤具有抗干扰能力强、传输距离远、带宽大等优点。光纤是光导纤维的简写,是一种由玻璃或塑料制成的纤维,光纤传输的不是电信号,而是光信号。由于光信号在光纤中发生了全反射,因此其传输损耗比电信号在

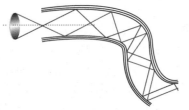

图 5.7　光纤工作原理示意图

电线中的传输损耗低得多,从而光纤可用于长距离的信息传输。光纤一般分为三层:纤芯、包层、涂覆层,最中心是高折射率玻璃纤芯,纤芯外为低折射率包层,最外是保护用的树脂涂覆层。光线在纤芯传输,当光线射到纤芯和包层界面的角度大于产生全反射的临界角时,光线透不过界面,会全部反射回来,继续在纤芯内向前传输。

二、透镜及其成像

透镜是用透明物质制成的表面为部分球面的光学元件,在人们的日常生活、生产及科研中发挥着重要作用。透镜是折射面为两个球面,或一个球面、一个平面的透明体。它所成的像有实像也有虚像。透镜一般可以分为两大类:凸透镜和凹透镜。中央部分比边缘部分厚的叫作凸透镜,中央部分比边缘部分薄的叫作凹透镜。

凸透镜有会聚作用,故又称聚光透镜,如图 5.8 所示。较厚的凸透镜则有望远、会聚等作用,这与凸透镜的厚度有关。

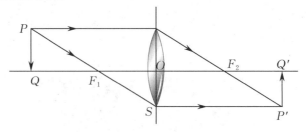

图 5.8　凸透镜

凹透镜又称负球透镜,对光有发散作用。与主光轴平行的光线通过凹透镜发生偏折后,光线发散,不可能形成实焦点。沿着发散光线反向延长,将在入射光线的同一侧交于一点,形成的是一虚焦点。

显微镜：显微镜镜筒的两端各有一组透镜，每组透镜都相当于一个凸透镜，靠近眼睛的凸透镜叫作目镜，靠近被观察物体的凸透镜叫作物镜。来自被观察物体的光经过物镜后形成一个放大的实像，目镜的作用则像一个普通的放大镜，把这个实像再放大成一个虚像。经过这两次放大作用，显微镜展现了一个全新的世界，我们就可以看到肉眼看不见的微小生物和小物体及其内部构造了。

望远镜：望远镜也是由两组凸透镜组成的，靠近眼睛的凸透镜叫作目镜，靠近被观察物体的凸透镜叫作物镜。能不能看清一个物体，与该物体对我们的眼睛所成视角的大小密切相关。望远镜的物镜所成的像虽然比原来的物体小，但它离我们的眼睛很近，再加上目镜的放大作用，视角就可以变得很大。

第二节　光的波动性

一、光的干涉现象

1. 光的相干叠加

实验证明，当两列振动方向相同、频率相同、相位差恒定的光波重叠时会发生光的干涉现象。两相干光源发出的光波在重叠区内，有些空间点上的合光强大于分光强之和，有些空间点上的合光强小于分光强之和，从而光束在空间形成明暗相间的稳定的周期性分布，并在放入的光屏上呈现出干涉条纹。光波的这种叠加称为光的相干叠加（见图5.9）。

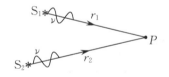

图 5.9　光的相干叠加

振动方向相同（或有平行的振动分量）、频率相同、相位差恒定是产生光的干涉的三个必要条件，称为相干条件。满足相干条件的两束光称为相干光，能产生相干光的光源叫作相干光源。

2. 相干光的获得

鉴于普通光源发光过程的特征，利用两个独立的普通光源不可能观察到稳定的干涉现象。在激光尚未出现之前，为了获得相干光，通常要采用极小尺寸的光源（在光源前放上带有小孔或狭缝的屏作为光阑），利用某种方法将一束光分割为两束或多束，然后再让它们通过不同的光路会聚而产生干涉。这种一分为二获得相干光的方法主要有两类：一类是波阵面分割法（见图5.10），就是在光源发出的某一波阵面上，取出两部分小面元作为相干光源；另一类是振幅分割法（见图5.11），就是将一束光利用反射或折射使其分成两束同频率、同振动方向、相位差恒定的相干光。

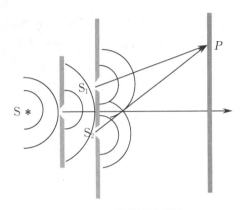

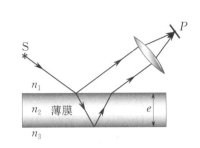

图 5.10 波阵面分割法   图 5.11 振幅分割法

3. 杨氏双缝干涉

1801 年,英国人托马斯•杨巧妙构思,用一个十分简单的装置,第一次观察到了光的干涉现象,并测出了光的波长,这就是典型的波阵面分割干涉的杨氏双缝干涉实验。

杨氏双缝干涉装置如图 5.12(a) 所示,在单色光源前面,先放置一个开有小孔 S 的屏,再平行放置一个开有两个相距很近的小孔 S_1 和 S_2 的屏。小孔 S_1 与 S_2 相距为 d。根据惠更斯原理,S_1 和 S_2 处的线光源是来自 S 的同一波阵面上的两个不同部分,它们是同相位、等光强的两个相干光源。由其发出的相干光在相遇区域形成的干涉图样呈现在离 S_1 和 S_2 缝后较远的观察屏上(与双缝相距为 D,$D \gg d$),如图 5.12(b) 所示。

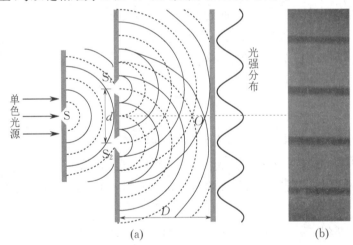

(a)   (b)

图 5.12 杨氏双缝干涉装置及干涉图样

干涉现象通常表现为光强在空间上有稳定的强弱交替的分布。当干涉装置的某一参量随时间改变时,在某一固定点处接收到的光强则在时间上有强弱交替的变化。光的干涉现象的发现,在历史上对由光的微粒说到光的波动说的演进,起到了不可磨灭的作用。现在,光的干涉已经广泛地用于精密计量、天文观测、光弹应力分析、光学精密加工中的自动控制等许多领域。

4. 薄膜干涉

最典型的振幅分割干涉是薄膜干涉。平常看到的肥皂膜、公路上的油膜、金属表面的氧化层、蜻蜓的翅膀等在太阳光的照射下呈现出的彩色图案就是薄膜干涉的结果。

在洗衣服时,如果使用了洗涤剂,就会出现大量的肥皂泡。这是最容易得到的薄膜之一。入射光线在这种膜的上、下表面分别反射的光线是相干光,它们相遇时,就能产生干涉现象,肥皂泡上绚丽多彩的图案就是一种光的干涉图样。这种干涉图样与肥皂膜的厚度有很大的关系,又肥皂膜的厚度极易因为肥皂液的流动、蒸发等因素而发生变化,所以肥皂膜上的干涉图样会有一种飘忽不定的感觉。

在肥皂膜快要破灭时,厚度接近于零,此时因为一种叫作半波损失的现象,任何波长的光线干涉的结果都将是相消干涉,所以图样变暗或消失,是肥皂膜即将破灭的标志。

在近代光学仪器所用的透镜或者一些光学镜头上,都镀有光学薄膜。根据其功能可划分为增透膜和增反膜。

(1) 增透膜

普通的光学仪器常常包含多个镜片,其反射损失往往可以达到 $20\% \sim 50\%$,使进入仪器的透射光强减弱,同时杂散的反射光还会影响观测的清晰度。在光学镜头上镀上一层或者多层薄膜,利用薄膜干涉原理可以在厚度满足一定的条件时,使特定波长的光的反射光发生相消干涉,从而增强透射光。这种透明薄膜称为增透膜。

(2) 增反膜

与增透膜相反,有些光学器件需要增强反射光,要求在光学镜头上镀上一层或者多层薄膜使反射光发生相长干涉,如图 5.13 所示。这种透明薄膜称为增反膜。

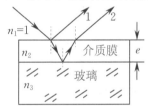

图 5.13　增反膜原理

特别强调的是,不管是增透膜还是增反膜,只能增透或增反某一特定波长的光线,针对可见光的光学仪器常选取对人眼最敏感的黄绿光($\lambda = 550$ nm)进行增透或增反。例如,在太阳光下看到相机镜片呈现蓝紫色反光就是镜片上镀有增透膜,消除了反射光中的黄绿光的缘故。

二、光的衍射现象

1. 衍射现象

当波在传播过程中遇到障碍物时,波能够绕过障碍物的边缘到达沿直线传播所不能达到的区域,这种现象称为波的衍射现象。例如,水波绕过闸口、声波绕过高墙(隔墙有耳)、无线电波绕过大山传入收音机等,都是在日常生活中很容易观察到的衍射现象。衍射是一切波所共有的传播行为。日常生活中声波的衍射、水波的衍射、无线电波的衍射,都是随时随地可能发生的,易为人所觉察。

光作为一种电磁波,也具有衍射现象,但光的衍射现象却不易被看到。因为光波的波长较短,比障碍物线度小得多,所以光一般表现为直线传播。当障碍物(如小孔、狭缝、小圆盘、细针等)的尺度与光的波长可以比较时,在足够远的屏幕上也会出现亮斑(衍射图样)。

光的衍射和光的干涉一样证明了光具有波动性。

衍射效应使得障碍物后方空间的光强发生了重新分布,这种分布既不同于几何光学给出的光强分布,又不同于光波自由传播时的光强分布。光的衍射使得一切几何影界失去了明锐的边缘。

光的衍射现象具有以下特点:(1) 衍射的程度取决于障碍物的尺寸和入射光的波长;(2) 衍射是有方向性的,这取决于障碍物的形状;(3) 衍射现象与衍射角度有关。

2. 衍射分类

衍射系统一般是由光源、衍射屏和接收屏组成的。按它们相互距离的关系,可把光的衍射分为两大类:一类叫作菲涅耳衍射,一类叫作夫琅禾费衍射。若衍射屏(或障碍物)到光源和接收屏的距离均为有限远,或者到其中之一的距离为有限远,则称这类衍射为菲涅耳衍射,如图 5.14(a) 所示。若衍射屏(或障碍物)到光源和接收屏的距离均为无限远,则称这类衍射为夫琅禾费衍射,如图 5.14(b) 所示。夫琅禾费衍射在实验室中是用两个凸透镜来实现的,如图 5.14(c) 所示。

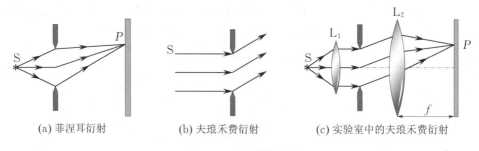

(a) 菲涅耳衍射　　　　(b) 夫琅禾费衍射　　　　(c) 实验室中的夫琅禾费衍射

图 5.14　衍射的分类

3. 几种典型衍射

(1) 圆孔夫琅禾费衍射

当光照射到小圆孔上时,也会产生衍射现象。光学仪器中所用的孔径光阑、透镜的边框等都相当于一个透光的圆孔,在成像问题中常会涉及圆孔衍射问题,所以圆孔夫琅禾费衍射具有重要的意义。

如果在观察单缝夫琅禾费衍射的实验装置中用小圆孔代替狭缝,当平行单色光垂直照射到圆孔上时,光通过圆孔后被透镜会聚。按照几何光学,在光屏上只能出现一个亮点。但实际上在光屏上看到的是圆孔的衍射图样,中央是一个明亮的圆斑,外围是一组同心的暗环和明环。这个由第一级暗环所围的中央光斑,约集中了入射光强度的 84%,称为艾里斑,如图 5.15 所示。

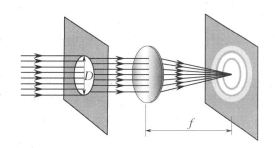

图 5.15 圆孔夫琅禾费衍射

大多数光学仪器都要通过透镜将入射光会聚成像,透镜边缘一般都是制成圆形的,可以看作一个小圆孔。从几何光学的观点来说,物体通过光学仪器成像时,每一物点就有一对应的像点,但由于光的衍射,像点已不是一个几何的点,而是有一定大小的艾里斑。因此对相距很近的两个物点而言,其对应的两个艾里斑就可能相互重叠导致无法分辨出是两个物点的像还是一个物点的像。可见,光的衍射现象使光学仪器的分辨本领受到限制。例如,天上两颗亮度大致相同的天体 a 和 b,在望远镜物镜的像方焦平面上形成两个艾里斑,它们分别是 a 和 b 的像。如果这两个亮斑分得较开,亮斑的边缘没有重叠或重叠较少,就能够分辨出 a,b 两天体(见图 5.16(a))。如果这两个亮斑靠得很近,有相互重叠,a,b 两天体就不再能分辨出来(见图 5.16(c)),此时的照片就算再放大若干倍,也还是分辨不清。

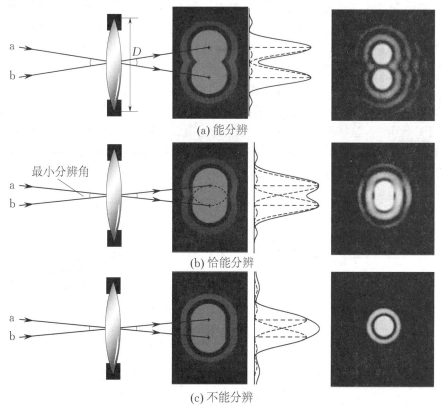

图 5.16 光学仪器的分辨本领

存在一种特殊情况,如果天体 a 的衍射图样的中央最亮处恰好与天体 b 的衍射图样的第一个最暗处相重合(见图 5.16(b)),这时两衍射图样(重叠区的)光强约为单个衍射图样的中央最大光强的 80%,一般人的眼睛恰好能够分辨出这是两个光点的像,这一条件称为瑞利判据。而在这一临界条件下,两个像(或两天体 a,b)对透镜光心的张角叫作最小分辨角。

事实上,减小最小分辨角从而提高光学仪器的分辨本领有两条途径:一是增大透镜的直径,二是减小入射光的波长。因此,天文望远镜上常采用直径很大的透镜(因为波长无法改变)。例如,1990 年发射的哈勃太空望远镜的主镜长 2.4 m,可观察 130 亿光年外的太空深处。与天文望远镜不同,显微镜可以通过更短的波长来提升分辨本领。例如,利用波长为 0.1 nm 的电子束,可以制成分辨本领较高的电子显微镜,它的放大倍率可达数百万倍,是普通光学显微镜的分辨本领的数千倍。

(2) 光栅衍射

要想利用单色光所产生的衍射条纹来测定光的波长,就必须把各级明纹分得很开,而且每一级明纹又要很亮。如何使获得的明纹既亮又窄,且相邻明纹间隔较大呢? 利用光栅就可以获得这样的衍射条纹。

光栅也称衍射光栅。一般而言,具有周期性结构的衍射屏都可以叫作光栅。光栅是利用多缝衍射原理使光发生色散(分解为光谱)的一种光学元件,它是一块刻有大量平行等宽、等距狭缝(刻线)的平面玻璃或金属片。光栅的狭缝数量很多,在 1 cm 宽度内往往刻有几千条甚至上万条。让一组平行单色光入射到光栅上,光栅上每条狭缝却会发生单缝衍射,而各缝间会发生多缝干涉,经过两者的共同作用,最终形成暗条纹很宽、明条纹很细的图样,这些细而明亮的条纹称为谱线。谱线的位置随波长的变化而变化,当复色光通过光栅后,不同波长的谱线在不同的位置出现,从而形成光谱。

光栅通常分为两种,一种是透射光栅,另一种是反射光栅。在一块平整的玻璃上,刻出一系列等宽、等距的平行刻痕,如图 5.17(a) 所示,每条刻痕处不透光,而两条刻痕间可以透光,相当于一个狭缝,这样平行排列的大量等宽、等距的狭缝就构成了平面透射光栅。在平整的不透光材料(如金属)表面刻出一系列等间隔的平行刻槽,则入射光将在这些刻槽处反射,这种光栅称为反射光栅,如图 5.17(b) 所示。

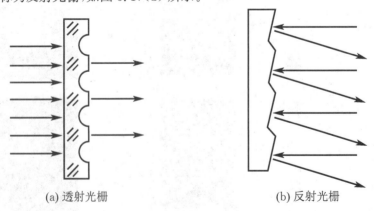

(a) 透射光栅　　　　　　　　　　(b) 反射光栅

图 5.17　光栅的种类

光栅产生的条纹的特点是:明条纹很亮很窄,相邻明条纹间的暗区很宽,即在几乎黑暗的背景上出现了一系列又细又亮的明纹。光栅的分辨本领随光栅缝数的增加而变高,缝数越多,明条纹越亮、越细,光栅的分辨本领就越高。增加缝数、提高分辨本领是光栅技术中的重要课题。

(3) X 射线衍射。

1895 年,伦琴发现高速电子撞击某些固体时,会产生一种看不见的射线,它能够透过许多可见光无法透过的物质,对感光乳胶有感光作用,并能使许多物质产生荧光,这就是 X 射线,也称伦琴射线。

X 射线是一种电磁波,理应有干涉和衍射现象,但在伦琴发现 X 射线后的十多年内,X 射线的波动性一直没有被实验证实。原因在于 X 射线的波长很短,利用普通的光学光栅无法观察到 X 射线的衍射光谱。人们曾希望造出适合 X 射线使用的光栅,但由于 X 射线的波长的数量级相当于原子直径,因此这样的光栅无法用机械方法来制造。

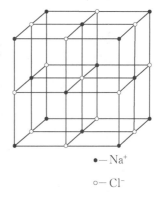

●—Na⁺
○—Cl⁻

图 5.18　食盐(NaCl)的晶格

1912 年,德国物理学家劳厄想到,晶体是由一组有规则排列的微粒(原子、离子或分子)组成的,它们在晶体中排列成有规则的空间点阵,即晶格,如图 5.18 所示。晶体内相邻微粒之间的距离约为数十纳米,与 X 射线的波长同数量级,因此可以利用晶体作为天然立体衍射光栅。

如图 5.19 所示,劳厄用一束 X 射线通过铅屏的小孔射向晶体时,放置在晶体后的底片上就会显现出具有对称性的按一定规则分布的斑点(见图 5.20),这些斑点称为劳厄斑。劳厄斑的出现正是 X 射线通过晶格发生衍射的结果。

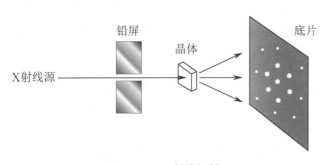

图 5.19　X 射线衍射

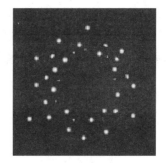

图 5.20　劳厄斑

劳厄从实验上证明了 X 射线的波动性,同时还证实了晶体中原子排列的规则性,其间隔与 X 射线的波长同数量级,由此劳厄荣获 1914 年的诺贝尔物理学奖。

晶体的 X 射线衍射有着广泛的应用,主要体现在以下两个方面:(1) 在已知晶体的结构的情况下,可根据布拉格公式求得 X 射线的波长;(2) 通过对原子发射的 X 射线的光谱进行分析,可研究原子的结构。

4. 衍射的应用

衍射的应用大致可以概括为以下四个方面:

(1) 衍射可用于光谱分析,如衍射光栅光谱仪。

(2) 衍射可用于结构分析。衍射图样对精细结构有一种相当敏感的"放大"作用,故可利用衍射图样分析结构,如 X 射线结构学。

（3）衍射可用于成像。在相干光成像系统中，引进两次衍射的相干叠加成像概念，由此发展成为空间滤波技术和光学信息处理。

（4）衍射可再现波阵面。这是全息术原理中重要的一步（见本章阅读材料）。

三、有趣的光偏振

光的干涉和衍射现象揭示了光的波动特性，但还不能由此确定光是横波还是纵波。光的偏振性是光的横波性的最直接、最有力的证据。

1. 横波的偏振性

为了说明什么是偏振现象以及横波和纵波的不同，先引用机械波通过狭缝的例子。如图 5.21(a)，(b) 所示，将一根橡皮绳穿过狭缝 AB，橡皮绳一端固定，另一端用手握住上下抖动，于是就有横波沿绳传播。当狭缝 AB 与手抖动的方向（横波的振动方向）平行时（见图 5.21(a)），横波便穿过狭缝继续向前传播；而当狭缝 AB 与手抖动的方向垂直时（见图 5.21(b)），在狭缝后面的绳上就不再有波动。这是由于横波的振动方向与狭缝垂直时，振动受阻，不能穿过狭缝继续向前传播。在图 5.21(c)，(d) 中，用一长直轻弹簧穿过狭缝 AB，用手推拉弹簧，则有纵波沿弹簧向前传播，不论狭缝 AB 的取向如何，纵波都能无阻碍地通过狭缝继续向前传播。这说明，对纵波而言，沿波的传播方向所做的所有平面内的运动情况都相同，没有一个平面比其他任何平面特殊，即纵波对传播方向具有对称性；但对横波来说，沿波的传播方向且包含振动矢量的那个平面显然与其他不包含振动矢量的平面有区别，即横波对传播方向具有不对称性。顺着传播方向看去，横波的振动方向是一个特殊的方向。这种振动方向对传播方向的不对称性就叫作偏振，它是横波区别于纵波的一个最明显的标志，只有横波才有偏振现象。若把波的振动方向和波的传播方向所构成的平面称为波的振动面，则横波有确定的振动面，而纵波没有确定的振动面。

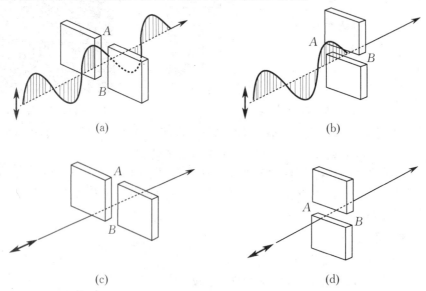

图 5.21　横波与纵波

2. 起偏与检偏

如图 5.22(a) 所示,在自然光传播的路径上,垂直于传播方向放置偏振片 P_1,当自然光通过 P_1 后,就变成了光矢量振动方向与 P_1 的偏振化方向一致的线偏振光,通常称这个由自然光获得线偏振光的过程为起偏过程,称获得线偏振光的偏振片 P_1 为起偏器。自然光中光矢量对称均匀,以光的传播方向为轴转动 P_1,透过 P_1 的光强不随 P_1 的转动而变化,恒为原自然光光强的一半。在光路中与 P_1 平行再放置另一个偏振片 P_2,以光的传播方向为轴转动 P_2 时,则会发现透射光强度在零和最大之间变化。当 P_2,P_1 的偏振化方向平行时,观察到的透射光强度最大,如图 5.22(b) 所示;当 P_2,P_1 的偏振化方向垂直时,从 P_1 出射的线偏振光入射到 P_2 后完全被它吸收,透射光强度为零,出现消光现象,如图 5.22(c) 所示。以光的传播方向为轴旋转 P_2 时,如果每转动 $90°$ 就交替出现透射光强度最大和消光现象,并且随着 P_2 的旋转,透射光经历由亮变暗,再由暗变亮的周期性变化过程,则入射到该偏振片上的光必定是线偏振光,否则就不是线偏振光,因而这也成为识别线偏振光的依据。这一过程称为检偏过程,偏振片 P_2 称为检偏器,它不仅可用来检查入射光是否为线偏振光,而且还可确定偏振光的振动面。

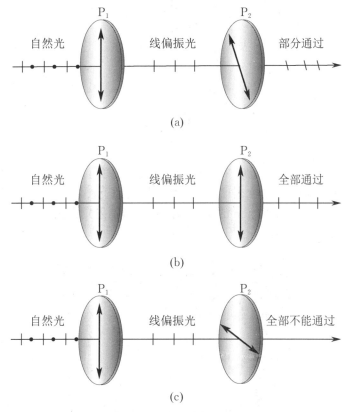

图 5.22　起偏与检偏

3. 立体电影

立体电影将两个影像重合放映,当观众戴上立体眼镜观看时,产生三维立体效果,有身临其境的感觉,也称立体电影为 3D 电影。

普通的电影,是一台放映机把画面投射在屏幕上,光通过在屏幕上的反射进入观众的眼睛。但立体电影利用了双眼的视角差和会聚功能,用两个像人眼那样的镜头拍摄装置进行拍摄,再通过一左一右两台放映机,分别将两组画面同步放映,以几厘米的偏差投射在屏幕上。以左、右眼看同样的对象,所见的角度不同,在视网膜上成的像也不同,这时用眼睛直接观看到的画面是重叠、模糊的。要想看到立体影像,一般是在两台放映机前装上偏振化方向互相垂直的偏振片(相当于起偏器),其作用是使得从左右两台放映机投射出的光通过偏振片后变成互相垂直的线偏振光。这两束线偏振光投射到屏幕上再反射到观众席,观众使用对应上述线偏振光的偏振眼镜(相当于检偏器)观看,即左眼只能看到左放映机投射的画面,右眼只能看到右放映机投射的画面,从而实现了左、右眼看到的画面分离,进而产生了立体影像,如图 5.23 所示。

图 5.23　立体电影

第三节　奇妙的激光

激光(见图 5.24)是 20 世纪以来人类的一项重大发明,被称为"最快的刀""最准的尺""最亮的光"。激光最初的中文名叫作"镭射",是它的英文名称 laser(light amplification by stimulated emission of radiation 的缩写,意为"受激辐射光放大")的音译。激光的英文全名已经表达了制造激光的主要过程。1964 年,按照我国著名科学家钱学森的建议,将其命名为"激光"。

图 5.24　奇妙的激光

一、激光原理

激光的理论基础起源于 1917 年爱因斯坦提出的一套全新的技术理论"光与物质相互作

用"。这一理论是说在组成物质的原子中,有不同数量的电子分布在不同的能级上,电子从外部吸收能量后,从低能级状态跃迁至高能级状态,这种状态称为受激状态。受激状态是一种不稳定的状态,处于这种状态下的电子会很快返回至低能级状态,此时会辐射出相当于跃迁能量的光子。处于受激状态的其他电子被辐射出的光子碰撞后,也会从高能级跃迁到低能级上,辐射出与激发它的光子相同性质的光子。这就叫作受激辐射(见图 5.25)光放大,简称激光。这种被激发出来的光子束的光学特性高度一致,因此激光相比普通光源亮度更高,单色性和方向性更好。

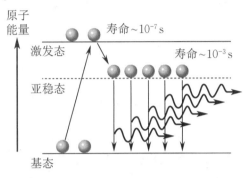

图 5.25   受激辐射

二、激光的特性

(1)方向性强

激光器发射的激光方向非常集中和稳定,光束的发散度极小,因此可以精确地控制激光束的位置和移动路径。这种特性使得激光在精密测量和航天导航等领域中具有重要作用。例如地球到月球的距离约 38 万千米,当使用激光照射月球时,到达月球表面的光斑直径还不到两千米,相比地月之间的距离基本可以忽略不计。但若是以看似聚光效果很好的平行探照灯光柱射向月球,其光斑直径将覆盖整个月球。

(2)亮度高

由于激光的发射能力强且能量高度集中,因此激光的亮度很高。它比普通光源的亮度高亿万倍,比太阳表面的亮度高几百亿倍。亮度是衡量一个光源质量的重要指标,若将中等强度的激光束经过会聚,可在焦点处产生几千到几万度的高温。激光束的亮度非常高意味着光强非常大,可以通过聚焦增加能量密度。因此,在一些应用中,激光可以实现高效的光学加工、切割等任务。

(3)单色性好

光的颜色由光的波长决定,一定的波长对应一定的颜色。光具有一定的波长范围,波长范围越窄,单色性越好。对于普通光源,由于光谱线宽度较大且频率范围过宽,因此颜色会比较杂乱。太阳辐射出的可见光波段的波长分布约在 $400 \sim 760$ nm 范围内,所以太阳光谈不上单色性。激光波长单一、频率稳定,是一种高度纯净的光束。这种特性使得激光在科研、医疗和通信等领域得到了广泛的应用。

三、激光的重要应用

1. 激光在科研中的应用

（1）激光通信

激光通信是一种利用激光传输信息的通信方式。按传输媒介的不同，激光通信可分为光纤通信和大气激光通信。激光通信系统组成设备包括发送和接收两个部分，发送部分主要有激光器、光调制器和光学发射天线，接收部分主要包括光学接收天线、光学滤波器、光探测器。

（2）激光测速

激光测速是一种新型的速度测量技术，可对被测物体进行自动化、智能化的测量控制。通过激光的发射与接收测量一定时间间隔内被测物体的移动距离，从而计算得出被测物体的移动速度。

（3）激光玻璃

激光玻璃是以玻璃为基础，并掺入一定的激活离子制成的固体激光材料，已经广泛应用于各类固体激光器中。与其他工作物质相比，激光玻璃易于制备，能获得高度透明、光学性质均匀且具有不同特点的制品。

（4）激光致冷

激光致冷就是利用光子和原子的相互作用交换动量从而使原子运动减速以获得超低温原子的高新技术。一般情况下，构成物质的原子、分子总是在不停地做无规则运动（热运动），无规则运动越剧烈，物体的温度就会越高，反之则温度越低。如果能够降低原子的运动剧烈程度，就能达到降温的目的。激光致冷就是利用大量光子阻碍原子的运动，以降低原子的运动速率，进而降低物体的温度。20 世纪 80 年代，著名的华裔科学家朱棣文使用激光冷冻原子，成功实现了低温环境，并因此获得 1997 年的诺贝尔物理学奖。

（5）激光传感器

激光传感器是利用激光技术进行测量的传感器，它由激光发射二极管、光学系统、雪崩光电二极管等几部分组成。激光传感器的优点是能实现无接触远距离测量，并且速度快、精度高、量程大，缺点是激光头有高度敏感的电子元件，它的工作温度因此受到一定的限制。"十三五"以来，我国激光传感器制造技术实力持续增强，激光二极管、光学系统等零部件技术均有所突破。我国激光传感器的产业规模、技术水平不断提升，在从"中国制造"向"中国智造"的转型升级中发挥了重要作用。

（6）激光测云仪

激光测云仪是利用激光技术测量云底高度的一种主动式大气遥感设备，一般由激光发射系统、激光接收系统、光电转换系统、数据处理显示系统和控制系统等部分组成。当激光在大气层中穿越时，由于能量高度集中，在空中行进十几千米而衰减不大，接收器仍可接收到反射光波。由于发射的能量与接收的能量之间有能量差，利用能量的衰减度与云层的水分子含量可以判断云层的结构和云底高度。

2. 激光在工业中的应用

（1）激光分离技术

激光分离技术是一种崭新的分离技术，在高纯材料中杂质的分离、稀土元素的分离以及同位素分离方面有着重要应用。

（2）激光加工技术

激光加工技术（见图5.26）是利用激光与物质相互作用的特性对材料进行切割、焊接、打孔、微加工的一门技术。激光加工技术已广泛应用于汽车、电子、电器、航空、冶金、机械制造等国民经济重要部门，对提高产品质量、提升劳动生产率、降低污染、减少材料消耗等起到越来越重要的作用。

图 5.26　激光加工技术

3. 激光在军事中的应用

激光武器（见图5.27）是用高能量的激光对远距离的目标进行精确射击的武器，具有快速、精准和抗电磁干扰等优异性能。激光武器系统主要由激光器和跟踪、瞄准、发射装置等部分组成，目前通常采用的激光器有化学激光器、固体激光器、CO_2激光器等。激光武器的缺点是不能全天候作战，在大雾、大雪、大雨等恶劣天气下受到极大限制。由于激光发射系统属精密光学系统，因此受大气影响也非常严重，如大气对能量的吸收、大气扰动引起的能量衰减、热晕效应、湍流以及光束抖动引起的衰减等。

图 5.27　激光武器

激光武器的能量非常集中。例如，在日常生活中我们认为太阳是非常亮的，但一台巨脉冲红宝石激光器发出的激光却比太阳还亮200亿倍。这里激光比太阳还亮的原因并不是它的总能量比太阳还大，而是它的能量非常集中。

激光作为武器,有很多独特的优点。首先,它的速度高达 $3×10^8$ m/s,相较于传统火炮、导弹等武器,一旦被激光武器瞄准,就几乎无法逃脱。因为飞行中的飞机和导弹的速度相对于它都可以被视为是"静止"的,一旦瞄准,几乎不需要什么时间就可以立刻击中目标。此外,激光武器可以随时迅速转移,因而在运用范围上十分的灵活。在实施战术打击的时候,即便激光武器的相关区域被敌方锁定,也可以在短时间内转移。等到敌军再一次锁定具体位置的时候,或许激光武器已经完成了自己的使命。激光武器的造价成本也十分低廉,与同等威力的主流武器相比,激光武器的成本基本可以忽略不计。举一个简单的例子,一枚精确制导导弹的费用在 60 万 ～ 70 万美元范围内,而激光武器发射一次仅仅只需要数千美元。在这样的情况下,成本被极大节约了。激光武器分为三类:一是致盲型,利用强烈的激光束对人的眼睛或光学探测器进行射击,烧伤敌方人员的视网膜使之失明从而丧失战斗力或损坏光学探测器令其无法正确判断目标;二是近距离战术型,可用来击落导弹和飞机;三是远距离战略型,这类武器作用最大,可以反卫星、反洲际弹道导弹。典型例子是于 2018 年投入使用的俄罗斯激光武器"佩列斯韦特",主要用于干扰或破坏无人机和导弹等。这种高能激光武器系统还将遂行打击在轨卫星的反卫星任务,"非对称"地对敌进行攻击。

激光武器对目标的破坏方式有三种。第一种是热破坏,目标受到强激光照射后,表面材料吸收热量被加热而产生软化。当目标材料深层温度高于表面温度使气化加快时,内部压力增大,就会产生爆炸。第二种是力学破坏,当被激光照射时,物体因产生气化、电离而形成的等离子体高速向外喷射,从而形成反冲力使目标物体变形断裂。第三种是辐射破坏,等离子体能够辐射紫外线或 X 射线破坏目标物体。

四、激光研究行业趋势

1. 多样化高端化发展

未来,激光行业将向多样化和高端化方向发展。激光机器人、飞秒激光等新型激光器件和激光工艺将得到快速发展,并在智能制造、医疗等多个领域推广使用;而激光制造技术的推广及其应用领域的拓宽,则将进一步推动激光行业的发展。

2. 智能化生产

智能化生产将成为未来激光行业的发展趋势。随着人工智能技术不断进步,激光制造技术将可以实现全自动化、智能化的生产,从而提高生产效率和质量,降低人工成本和错误率。

3. 环保和可持续发展

随着全球环境问题的日益严重,激光行业也将面临更为严峻的环保压力。未来,激光行业将会更加注重环保和可持续发展,并广泛应用绿色技术,推动激光产业实现绿色可持续发展。

总体来看,激光行业目前已经取得了一定的成就,在工业、医疗、通信、军事等领域的应用越来越广泛,但未来的激光行业将面临更多的机遇和挑战,未来的发展仍有巨大的潜力和空间。随着社会的不断发展和科技的不断进步及应用环境的不断改变,激光行业将不断进行技术创新、模式创新,以满足市场对激光技术的不断需求,激光行业必定会有更为广阔的发展前景。

全 息 术

全息术原理是 20 世纪 40 年代伽博为了提高电子显微镜的分辨本领而提出的,此后这方面的进展相当缓慢。自 1960 年激光出现以后,全息术才得到了迅速发展,成了一门应用广泛的重要技术。

一、全息图的拍摄

因为光能引起感光乳胶发生化学变化,并且化学变化的强度会随入射光强度的增大而增大,所以冲洗过的底片上各处会有明暗之分。普通照相利用透镜成像原理,底片上各处化学反应的强度直接由物体各处的明暗决定,因而底片就记录了入射光的光强;而全息术因为利用了光的干涉,所以不仅能记录入射光的光强,还能记录入射光的相位。

如图 5.28 所示,来自同一激光光源的波长为 λ 的光分成参考光和物光两部分:参考光直接照射到底片上;物光用来照明物体,物体表面上各处散射的光也照射到底片上。参考光和物光在底片上相遇时会发生干涉,干涉条纹既记录了物光的光强,又记录了物光的相位。

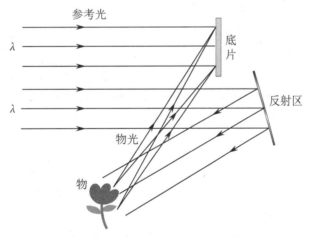

图 5.28　全息图的拍摄

因为参考光的光强各处是一样的,但物光的光强各处不同,其分布由物体上各处发出的光决定,所以参考光和物光干涉时所形成的干涉条纹在底片上各处的明暗不同,从而干涉条纹记录了物光的光强,这一点是与普通照相类似的。

如图 5.29 所示,设 S 为物体上一发光点,它发出的物光和参考光在底片上发生干涉产生干涉条纹,又设 a,b 为相邻两暗纹所在位置,距离为 dx(通常很小),到 S 的距离为 r。由

于在 a,b 两处的物光和参考光反相,且参考光在 a,b 两处同相,因此物光在 a,b 两处的光程差为 λ。于是由图所示几何关系近似有

$$\lambda = \sin \theta \, \mathrm{d}x,$$

由此得

$$\mathrm{d}x = \frac{\lambda}{\sin \theta} = \frac{\lambda r}{x}。$$

上述公式说明,来自物体上不同发光点的物光,由于它们的 θ 或 r 不同,在底片上同一位置与参考光干涉形成的干涉条纹的间距就不同,因此干涉条纹的间距以及干涉条纹的方向就反映了物光相位的不同,这实际上反映了物体上不同发光点的位置。整个底片上的干涉条纹实际上是物体上不同发光点发出的物光与参考光所形成的干涉条纹的叠加。

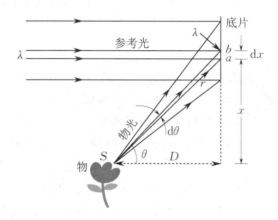

图 5.29　相位记录

我们由上述讨论可知,全息图并不直接显示物体的形象,而是一幅复杂的条纹图像,只是这些条纹记录了物体的光学信息。

全息图的拍摄需要利用光的干涉,因此要求参考光和物光应是相干光,而实际所用的仪器和被拍摄的物体的尺寸都比较大,要求光源有很强的时间相干性和空间相干性。激光正好满足这些要求,而普通光源很难做到,这也是激光出现后全息术才得到迅速发展的原因。

二、全息图的观察

如图 5.30 所示,只需用拍摄全息图时所用的同一波长的照明光沿原参考光的方向照射全息图即可。在照片的背面向照片看,就可看到原物体的完整的立体形象。之所以能有这样的效果,是因为光的衍射。

我们仍然考虑相邻两暗纹 a 和 b,它们在底片冲洗后变为两条透光缝,照明光透过它们将发生光的衍射。沿原方向前进的光波不产生成像效果,只是强度受到全息图的调制而不再均匀。沿原来从物体上 S 发出的相应的两束衍射光,其光程差也一定是 λ,这两束衍射光被人眼会聚形成对应于发光点 S 的 $+1$ 级极大。照明光照射时,由发光点 S 原来在底片上各处造成的透光条纹透过的光的衍射总效果就会使人眼感到在原来 S 处有一发光点 S'。以此类推,人眼就会在原位置处看到原物体的完整的立体虚像。应当注意,这个虚像是真正立体的,当人眼换一个位置观察时,可以看到物体的侧面像,原本被挡住的地方这时也显露出

来了。普通的照片也会有立体的感觉,那是因为人脑对视角的习惯感受。但是在普通的照片上我们无论如何也不可能看到物体上原本被挡住的部分。

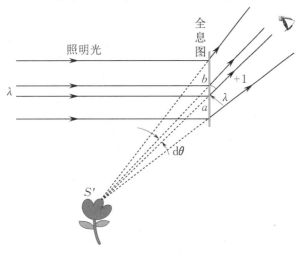

图 5.30 全息图虚像的形成

还可以指出,在用照明光照射全息图时,还可以得到一个原物体的实像。如图 5.31 所示,从 a,b 两条透光缝衍射的和沿着原来物光对称的方向的那两束光,其光程差也正好是 λ。于是,它们将在和 S' 关于全息图对称的位置上会聚形成 -1 级极大。从底片上各处由 S 发出的光形成的透光条纹所衍射的相应方向的光将会聚于 S'' 点而成为 S 的实像。因此,整个全息图上的所有条纹对照明光的衍射的 -1 级极大将形成原物体的实像。

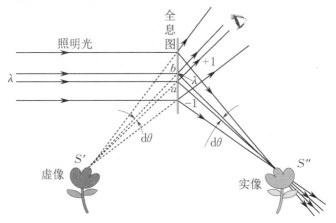

图 5.31 全息图实像的形成

19世纪末，经典物理学大厦巍峨耸立，经典力学和麦克斯韦电磁场理论是其坚固的基石。包括开尔文在内的许多物理学家认为：物理学的大厦已经建成，基本的原则性问题已经解决，但是还有两个物理现象无法用现有的理论解释，把它们称为物理学天空中的"两朵乌云"，即迈克耳孙-莫雷实验证明了"以太"的不存在和黑体辐射的实验结果与理论不一致。1900年左右，普朗克大胆提出了革命性的"能量子"概念，圆满解决了黑体辐射问题。之后，经薛定谔、德布罗意、玻恩、海森伯等人的共同努力，建立起了研究微观粒子的新理论——量子力学。1905年，爱因斯坦提出了狭义相对论，解决了"以太"问题的困惑。

爱因斯坦和因费尔德在《物理学的进化》一书中谈到，相对论的兴起是由于旧理论中严重的深刻的矛盾已经无法避免了。相对论并不是某个或者某些天才学者的自由创造。从光的波动理论建立开始到1905年为止，物理学家对"以太"探寻了两个世纪之久。在许多物理学家长期工作的基础之上，爱因斯坦最终于1905年创立了狭义相对论，又于1915年提出了广义相对论。

量子理论是在原子尺度范围内，研究微观粒子的运动规律及物质的微观结构的理论。微观粒子与宏观粒子的性质有着许多根本性的差别。量子理论基于物质的波粒二象性，建立了原子物理理论、原子核理论和凝聚态物理理论，它推动了物理、化学甚至生物学的发展。

相对论与量子理论是构成20世纪物理学理论基础的两大革命性的理论，前者改变了我们的时空观，而后者则使人类开始认识到物质特殊的微观结构。从20世纪20年代开始，相对论和量子理论相结合又产生了相对论量子力学和量子场论。迄今为止，它们一直是探寻微观世界物理规律的强有力工具。

第一节　探秘物质结构

物理学是以物质的基本结构,物质之间的相互作用、相互转化及物体运动的基本规律等作为研究目标的基本科学。自古至今,人们向往着揭秘物质的基本结构以及这些基本结构之间的相互作用之谜。

一、三大发现

在研究粒子物理的过程中,有三大发现起着重要作用,分别是 X 射线、放射性和电子的发现。其实,在伦琴发现 X 射线之前,阴极射线的研究已经进行了数十年,有不少科学家发现过类似 X 射线的穿透现象,如英国科学家克鲁克斯曾经发现在阴极射线管附近的照相底片变黑或出现模糊阴影(现在我们知道是 X 射线的原因),但他并未太过在意,错失了发现 X 射线的重要机遇。

1. 伦琴与 X 射线

1895 年,伦琴在做阴极射线实验的过程中偶然发现了一种具有极强穿透力的新射线,并将其命名为 X 射线。在接下来的时间里,伦琴一鼓作气对 X 射线的性质做了进一步研究。实验发现,X 射线是直线行进的,磁场无法使其偏转,它还可使照相底片感光,具有很强的穿透性。这个发现一经公布,就引起了很大的轰动。但物理学家对 X 射线的本性一下子还搞不清楚,为了检验 X 射线的穿透本领,分别将多种物质逐一放在放电管附近,如很厚的书、2 ～ 3 cm 厚的木板、几厘米厚的硬橡皮、十几毫米厚的铝板等。图 6.1 中右侧的这张具有历史意义的照片是伦琴夫人将自己的手置于 X 射线的照射(约 15 min)下留下的。

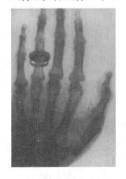

图 6.1　伦琴和伦琴夫人手指骨的 X 射线照片

在完成一系列实验后,伦琴于 1895 年 12 月 28 日向维尔茨堡的物理学和医学学会递交了一篇关于 X 射线的论文。文中论述了实验装置和方法,以及 X 射线直线传播过程中具有的性质等。这一发现轰动了当时国际学术界,伦琴的论文在 3 个月之内就印刷了多次,并被译成多国文字。在 X 射线被发现 3 个月之后,维也纳医院首次用 X 射线对人体进行了拍片。X 射线使人类进入了微观世界,展示了物理学还有许多待探索的未知领域,重新激发了人们进行新发现的兴趣和热情。从这个角度可以说,X 射线的发现揭开了 20 世纪物理学革命的序幕。后人为了纪念伦琴发现 X 射线的重大科学成就,也把 X 射线称为伦琴射线。

伦琴由于发现 X 射线而成为首届诺贝尔物理学奖(1901 年颁发)的获得者。在此之后,X 射线仿佛有什么魔力,总与诺贝尔奖有着不解之缘,而伦琴根本没想到他的这一发现竟成就了多个诺贝尔奖得主。迄今为止,与 X 射线有关的研究获得诺贝尔奖的课题已有数十项,共涉及数十位科学家。例如,1914 年,劳厄由于利用 X 射线通过晶体时的衍射,证明了晶体的原子点阵结构而获得诺贝尔物理学奖。1915 年,布拉格父子因在利用 X 射线研究晶体结构方面所做出的杰出贡献分享了诺贝尔物理学奖。1922 年,康普顿通过 X 射线与自由电子发生散射实验的研究进一步揭示了 X 射线光子的粒子性,使爱因斯坦的光量子假说真正得到了国际科学界的认可。康普顿也于 1927 年与威尔逊同获诺贝尔物理学奖。此外,诺贝尔生理学或医学奖与诺贝尔化学奖中也有不少与 X 射线相关。

迄今为止,X 射线最重要的应用领域是医学诊断,如图 6.2 所示。结合现代数字技术,X 射线可以呈现更清晰的诊断结果,如可以提供人体内部的三维图像。此外,X 射线还应用于晶体结构观察和对太空的研究以及材料无损探伤领域。

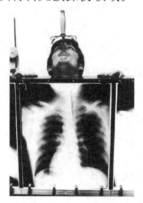

图 6.2　X 射线的医学应用

2. 放射性

第一位发现放射性现象的是法国物理学家贝可勒尔,如图 6.3 所示。贝可勒尔出身于一个有名望的学者家庭,自幼受到科学的熏陶,聪明好学。1888 年获博士学位,1889 年被选为法国科学院院士,1908 年去世。

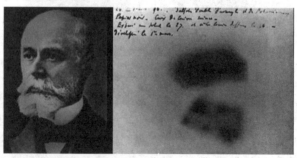

图 6.3　贝可勒尔及铀盐放射性污染照片

伦琴发现 X 射线的消息传到巴黎后,著名数学家、物理学家庞加莱在法国科学院介绍了伦琴的发现并展示了 X 射线照片。贝可勒尔认真听取了庞加莱的报告,并对这种射线是怎样产生的产生了极大的兴趣。在庞加莱的建议下,贝可勒尔开始了对荧光物质会不会辐射出这种肉眼看不见却能穿透厚纸使底片感光的射线的研究。多次实验之后,他终于找到了这种预期中的物质:铀盐。贝可勒尔用两张厚黑纸包住感光底片,确保底片即便在太阳光下也不会感光。然后,在太阳光的照射下,将铀盐放在黑纸包好的底片上,底片上产生了黑影。贝可勒尔进一步将黑纸包和铀盐之间夹一层玻璃,再放到太阳下晒几个小时,底片上再次出现了黑影,证实了底片上的黑影并不是化学作用或热效应引起的。之后,贝可勒尔不断地研究这种新现象,恰逢巴黎出现连续阴雨天,出于偶然,他将包好的底片和铀盐放在了同一抽屉里。出于好奇,贝可勒尔把底片洗了出来,结果底片上出乎意料地出现了明显的黑影,由于现场没有其他因素的影响,他断定黑影是铀盐作用的结果。

面对这一突如其来的结果,贝可勒尔果断放弃了荧光物质辐射了这种射线的假设,并通过进一步的试验,确证这是铀元素自身发出的一种射线,他把这种射线称为铀辐射。铀辐射与 X 射线一样具有很强的穿透力,但两者产生的机理不同。此后,他向法国科学院报告了这一重要研究结果。也许很多人会认为,贝可勒尔发现放射性纯属偶然或者运气好,但贝可勒尔自己却说,在他的实验室里发现放射性是"完全合乎逻辑的",这个逻辑指的就是必然性。铀盐具有的放射性在被发现之初,人们普遍认为,是铀盐特有的能力。放射性的发现为核物理学的诞生奠定了第一块基石。

将放射性研究推向新高度的是居里夫人。贝可勒尔新射线的发现使居里夫人意识到该问题的重要性,当即将放射性物质的研究作为其博士论文研究课题,"放射性"一词就是她首先使用的。这个神秘的射线从哪里来?它有什么性质?除了铀之外是否还有别的元素也能发出这种射线?这一系列问题引起了居里夫人的兴趣。

在这些兴趣的指引下,居里夫人将测量对象从铀盐扩展到她所能找到的各类矿石,并且着眼于高精度、定量化的测量,进而在放射性研究中取得了一系列突破性进展。1898 年,居里夫妇发现了钍具有放射性,并认为放射性绝不只是某个元素独有的现象。他们还计算了沥青铀矿和铜铀云母的放射性,发现比根据铀含量计算出的要强得多,说明其中还存在着具有更强放射性的元素。为了寻找这些新的元素,居里夫妇在一间简陋的实验室里,将几吨废铀渣反复地进行化学分离和物理测定。1898 年 7 月,居里夫妇发现了钋,其放射性比铀强近400 倍,同年 12 月,他们又发现了新物质镭。镭的放射性初步定为铀的 900 倍,后又定为7 500 倍,不久又发现为 10 万倍。这一发现在学术界引起了轰动,但化学家们还持怀疑态度,他们声称:把镭的原子量测出来,把镭放在瓶子里,看到纯品才可让人信服。为了确定镭的原子量,居里夫妇又花了很长时间,测定出镭的原子量为225,放射性比铀强 200 多万倍。

1903 年,居里夫妇及贝可勒尔共同分享了诺贝尔物理学奖。1911 年,居里夫人因为发现两种新元素镭和钋,荣获诺贝尔化学奖。居里夫人的工作得到了化学家们的高度认可,她成为第一位两次获诺贝尔奖殊荣的人物。她在放射性方面的研究,使这一领域焕发出新的生机活力,随着不少新的放射性元素被发现,放射性在医学上的应用也相继开发了出来。

由于长期受放射线的照射,居里夫人于 1934 年在法国去世。爱因斯坦在对居里夫人的悼词中写道:"在像居里夫人这样一位崇高人物结束她的一生的时候,我们不要仅仅满足于回忆她的工作成果对人类已经做出的贡献。第一流人物对于时代和历史进程的意义,在其道德品质方面,也许比单纯的才智成就方面还要大。即使是后者,它们取决于品格的程度,也远超过通常所认为的那样……她一生中最伟大的科学功绩——证明放射性元素的存在并把它们分离出来——所以能取得,不仅是靠着大胆的直觉,而且也靠着在难以想象的极端困难情况下工作的热忱和顽强,这样的困难,在实验科学的历史中是罕见的。"

放射性元素接二连三地被发现,促使人们更深入地去研究放射性现象。放射性元素在放出某种射线后会转变成另一种元素。一般原子序数在 84 以上的元素都具有放射性,原子序数在 83 以下的某些元素,如锝(Tc)、钷(Pm) 等也具有放射性。放射性元素分为天然放射性元素和人工放射性元素两类。天然放射性元素包括钋(Po)、氡(Rn)、钫(Fr)、镭(Ra)、锕(Ac)、钍(Th)、镤(Pa) 和铀(U) 等。人工放射性元素包括锕系元素中在钚(Pu) 以后的元素。自然界存在三个主要天然放射系,分别为铀系、锕系和钍系,这三个系的"始祖"核素分别为 ^{238}U,^{235}U 和 ^{232}Th。由于"始祖"核素的寿命和地球的年龄相近,因此这些核素还没有完全衰变掉。

实验表明,放射性物质可发出三种不同的射线,分别叫作 α,β 和 γ 射线。α 射线是带正电的氦(He) 核流,即两个质子和两个中子通过强相互作用结合在一起形成的粒子,速度约为光速的十分之一,其贯穿本领小,电离作用强。β 射线是带负电的电子流,速度接近光速,其穿透本领较大,能穿透几毫米的铝板,电离作用较弱。γ 射线是不带电的光子流,其波长极短,贯穿本领强,能穿透几厘米的铅板,电离作用弱。

3. 电子的发现

在物理学界,关于阴极射线的本性之争由来已久,一种观点认为它是一种类似光的波,还一种观点认为它是一种带电粒子流。英国物理学家汤姆孙也加入了对阴极射线本性的研究。汤姆孙既是一位理论物理学家,又是一位实验物理学家,他不仅是位科学巨匠,还是一位优秀的导师。他要求学生不仅要做实验的观察者,更要做实验的设计者。在他的培养下,有多位科学家获得了诺贝尔奖,更多的成了世界各地的科学带头人。

汤姆孙在实验中通过对阴极射线的大量研究,测定出电子的荷质比,从实验上发现了电子的存在。1897 年,汤姆孙设计了一个特殊的阴极射线管,观察到了阴极射线在电场作用下可发生偏转的现象,加上阴极射线在磁场中的偏转,且其偏转方式与带负电粒子相同,确证了阴极射线是一种带负电的粒子流。汤姆孙通过这种粒子在电场和磁场中的偏转定量测量出这种粒子流的电荷量与质量之比(荷质比),其值大约只有氢离子的两千分之一。汤姆孙将这种粒子命名为"电子"。汤姆孙指出,它比原子更小,是一切原子的共同组分。电子的发现,最终给这场阴极射线本性之争画上了句号。

电子的发现打破了原子不可分的经典物质观,向人们宣告原子不是构成物质的最小单元,它具有内部结构,是可分的。电子是组成原子的普适成分,它的质量比氢原子要小 3 个数量级。电子的发现使人们打开了认识原子物理学的崭新视角,在这以后,电子的性质、电子的运动规律、电子通过晶体的衍射等不少研究成果都获得了诺贝尔物理学奖。电子的问世开辟了电子技术的新时代,从电子管生产到半导体管的诞生及半导体技术的发展,再到集成电路的发明,人类逐渐进入微电子科技时代,进一步促进了电子计算机技术的发展。微电子技术和电子计算机技术正是现代信息技术的两个重要基础，人类由此步入信息社会。

X射线、放射性和电子的发现打开了微观世界的窗户，人们窥探到了其中的一些奥秘。于是，各国物理学工作者掀起了这个新方向的研究高潮，从而把物理学从19世纪的经典物理学阶段推进到20世纪的近代物理学阶段。可以说，三大发现揭开了近代物理学的序幕。

二、原子核结构

仰望浩瀚的星空，着眼五彩斑斓的大自然，从古至今，人们在不断地思索，自然的奥妙何在？世界万物由什么构成？物质有最小单位吗？人们向往揭开物质结构之谜。

1. 原子论

很早的时候，德谟克利特就探讨了物质结构的问题，提出了原子论的思想。"原子"的原意为"不可分割的东西"，即构成万物的最终单元。他认为万物的本源是原子和虚空。原子是一种不可再分割的物质微粒，它的基本属性是"充实性"，每个原子都是毫无空隙的。虚空的性质是空旷，原子可以在其中活动，它为原子提供了运动的条件。原子的数目是无穷的，它们之间没有性质的区别，只有形状、体积等的不同。运动是原子固有的属性，原子永远运动于无限的虚空之中，它们互相结合起来，就产生了各种不同的复合物。原子分离，物体便会消灭。

在近代原子论的建立过程中，英国科学家道尔顿做出了不可磨灭的贡献，他被看成科学原子论的创立者。在前人原子论的观点之上，他结合玻意耳、拉瓦锡的研究成果并提出，有多少种不同的化学元素，就有多少种不同的原子；同一种元素的原子在质量、形态等方面完全相同（如今我们知道还有同位素的存在）。他还强调查清原子的相对质量以及组成化合物的基本原子数目极为重要。关于原子组成化合物的方式，道尔顿认为这是每个原子在万有引力作用下简单地并列在一起形成的。在发生化学反应后，原子仍保持自身不变。尽管现代科学的发展在一定程度上修正了原子本身的物理不可分和万有引力将原子连接在一起的观点，但是道尔顿对原子的定义仍被广泛地接受。

2. 原子的结构

X射线、放射性以及电子的发现，促使人们去研究原子的内部结构，思考电子在原子中到底是如何运动的。关于原子的结构，汤姆孙提出了汤姆孙模型。他假定，原子的正电荷均匀分布在整个原子球体中，而电子一个个嵌在其中，保持整个原子的电中性，并认为电子可能分布在一个个同心圆环上，每个环上只能包含有限个电子。后来的α散射实验表明，该模型的某些理论假设与实验观测不符，但他提出的每个环上包含的电子数目有限的思想是正确的，被之后的量子力学理论计算结果证实，并用以解释元素周期表。

卢瑟福是汤姆孙的一名学生，他对放射性实验和理论进行了深入研究，为了探测原子内部的电荷分布，他和助手盖革、马斯登一起利用准直的α射线来轰击金箔。实验用的金箔厚度不到$1\,\mu m$，卢瑟福在实验中发现绝大多数α粒子几乎不受任何阻碍地穿透了金箔，运动方向不变，还有大约二万分之一的α粒子被反射回来（散射角大于$90°$），如图6.4所示。这表明原子不是一个坚实的球体,原子的内部绝大部分是空的。按汤姆孙提出的原子模型,原子内正电荷均匀分布,对 α 粒子的运动不会产生大的阻碍。而且集中分布的电子,其质量远小于 α 粒子的质量,以较大速度运动的 α 粒子碰上电子,犹如运动的子弹碰到尘埃,运动方向不应发生明显改变。然而实验结果中 α 粒子的大角度散射,这用汤姆孙模型是无法解释的。

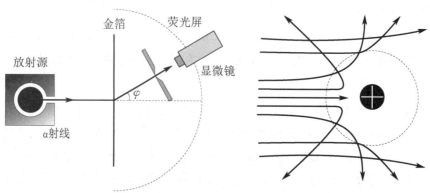

图 6.4　卢瑟福实验示意图和 α 粒子散射示意图

卢瑟福为此苦思冥想了很长时间,终于认识到在每一个几乎完全是空的金原子内部有某种带正电的物体,其电量、质量均比 α 粒子大得多,它对 α 粒子产生较大的排斥作用,致使 α 粒子偏转,甚至直接反射。卢瑟福认为这种带正电的物体就是原子的核心,称其为原子核,它的体积很小,但集中了几乎原子的全部质量。卢瑟福于 1911 年提出了原子有核模型(见图 6.5),在这个模型中每个原子都像是微型的太阳系,原子里的电子环绕原子核运动,正如行星以近乎圆形的轨道环绕太阳运动一样。

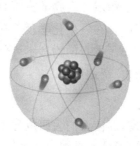

图 6.5　原子有核模型

卢瑟福的原子有核模型开创了原子核物理学的新领域,因此他被人们尊称为"原子核物理学之父"。由于在科学研究方面取得的巨大成就,卢瑟福获得了多种荣誉,有趣的是他没有获得诺贝尔物理学奖,而是因为对元素蜕变和放射化学的研究获得 1908 年的诺贝尔化学奖。他曾风趣地说:"我一生中,曾经历过各种不同的变化,但最大的变化要算这一次了 —— 我竟从物理学家一下子变成了化学家。"

卢瑟福的原子有核模型与 α 散射实验符合得非常好,但是也存在着严重的困难,那就是它无法解释原子的稳定性问题。根据经典的电磁场理论,电子在绕核旋转的过程中具有加速度,从而必然要向外发射电磁波并损失能量,导致其轨道半径变小,最终电子会落入原子核中。因此,卢瑟福的原子有核模型是一个不稳定的模型。

将卢瑟福的原子有核模型从濒临失败的境地拯救出来的是丹麦物理学家玻尔。在玻尔看来,要拯救原子有核模型,最根本的是要阐明原子中电子运动的稳定性,以及给出原子的尺寸。他想到的是把量子观点用到原子有核模型中,提出一种量子化的原子结构理论。玻尔首次把原子所辐射的光谱线的频率定量地与原子结构联系起来,从而解决了卢瑟福的原子有核模型中原子的稳定性问题。

三、物质无限可分吗?

1. 质子和中子的发现

卢瑟福在早期从事放射性研究的过程中,认为放射性物质所发出的射线分别为 α 射线,β 射线和 γ 射线,并在建立了原子有核模型之后,又进一步探究了原子核的构成问题。因为原子是电中性的,核外电子带负电,所以原子核一定带正电,并且带电量与电子所带负电量相同。1914 年,卢瑟福用阴极射线打掉了氢原子的电子,得到了带正电的氢的原子核。卢瑟福将其命名为质子,它的电荷量和质量均为一个单位。1919 年左右,卢瑟福用加速的高能 α 粒子轰击氮原子,打出了质子,实现了从氮原子向氧原子的转变。此后,经过不断的实验,卢瑟福陆续从多种轻元素的原子核中打出质子,确证了质子的存在。

随着电子和质子的陆续被发现,以及 α 粒子和 β 粒子从原子核中放射出来的事实,人们逐渐认为原子核由电子和质子组成。卢瑟福的学生莫塞莱认为,电子的质量可以忽略不计,原子核仅由质子和电子组成的话,质量将是不够的。那么,真正的原子核结构到底是什么呢? 1920 年,卢瑟福提出:在某些情况下,也许由一个电子更加紧密地与氢核结合在一起,组成一个中性的双子,这样的粒子也许有很新颖的特性。在 1924 年后,这种中性双子被命名为中子。此后,德国物理学家波特在采用 α 粒子轰击铍原子核实验中发现了这种呈电中性的射线,但在当时认为这是一种穿透力极强的 γ 射线。法国的约里奥·居里夫妇(居里夫人的女儿和女婿)注意到了这个现象,他们将这种射线射到石蜡上,测到了有反冲质子从石蜡中射出。但他们没能抛弃传统的旧观念,认为这种中性射线是大家熟知的 γ 射线,从而错失了中子的发现。

1932 年,卢瑟福的学生查德威克(见图 6.6) 在得知德国和法国同行的实验结果后,马上意识到这种新射线很可能就是中子。他立即着手进行实验,提出了"中子可能存在"的观点。查德威克在实验中利用云室测量了中子的质量,证实了中子确实存在并且呈现电中性。

图 6.6　查德威克

查德威克对中子的发现促进了正确的原子核模型(见图 6.7) 的建立,使人们在核物理的研究中,拥有了一颗威力巨大的炮弹,人们利用它打开了核能仓库,昂首迈入原子能时代。查德威克由于发现中子荣获 1935 年的诺贝尔物理学奖。

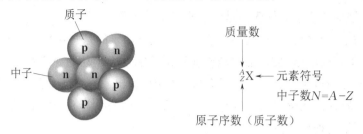

图 6.7　原子核模型及原子结构表示方法

2. 基本粒子群的发现与夸克模型

截至目前，人们认识的比较稳定、寿命长的基本粒子有 30 多个，此外还有 400 多个不太稳定、寿命相对较短的基本粒子。这些基本粒子中，最先被发现的是电子的反粒子 —— 正电子。它是 1928 年狄拉克（见图 6.8）在建立相对论性电子运动方程时预见的，并在 1932 年，由

图 6.8　狄拉克

美国物理学家安德森在宇宙线的研究中证实。正电子带正电，而其他性质与电子相同，正、负电子相遇时会迅速湮灭，而转化为两个光子。此后，高能加速器的出现促使人们开始思考并寻找其他粒子的反粒子。截至目前，几乎所有粒子的反粒子都已被找到。

另一个重要的发现是中微子。1930 年左右，物理学家泡利为了解释玻尔在研究原子核的 β 衰变时的能量损失问题，提出了中微子假说，他认为原子核在衰变中放出了这种（静）质量为零且不带电的新粒子。到了 20 世纪 50 年代，中微子在高能实验室中被观测到，从而证实了泡利的假说。

随着大型和超大型高能粒子加速器的建立，一大批新的基本粒子相继被发现。例如，1949 年，费米和杨振宁提出了基本粒子的复合结构模型。1956 年，日本物理学家坂田昌一改进了费米-杨模型，使理论模型与实验结果符合得更好。1961 年，美国物理学家盖尔曼和茨威格等人给出了基本粒子的"周期表"。1964 年，盖尔曼提出了基本粒子结构的夸克模型。

夸克是比质子、中子更基本的粒子，它具有分数电荷，是电子电量的 $\frac{2}{3}$ 或 $-\frac{1}{3}$，自旋数为 $\frac{1}{2}$。目前，已知的夸克有六种。夸克的种类被称为"味"，分别是上夸克（u）、下夸克（d）、奇夸克（s）、粲夸克（c）、底夸克（b）及顶夸克（t）。究竟还会有多少夸克出现，现在还不清楚。上夸克及下夸克的质量是所有夸克中最低的。较重的夸克会通过粒子衰变迅速地变成上夸克或下夸克。上夸克和下夸克一般来说很稳定，在宇宙中很常见。而奇夸克、粲夸克、顶夸克及底夸克则只能经由高能粒子的碰撞产生（如宇宙线及粒子加速器中），并很快发生衰变。夸克有着多种不同的内在特性，包括电荷、色荷、自旋及质量等。另外，夸克也是现在已知唯一一种基本电荷为非整数的粒子。夸克的每一种味都有一种对应的反粒子，叫作反夸克，它的一些参量跟夸克大小一样但符号不同。

质子和中子都是由三个夸克组成的。质子由两个上夸克和一个下夸克组成，中子由两个下夸克和一个上夸克组成，如图 6.9 所示。

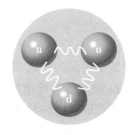

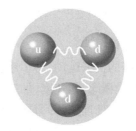

(a) 质子　　　　　　　　　　　(b) 中子

图 6.9　质子和中子的结构

第二节　爱因斯坦与相对论

前面我们提到过,19 世纪末物理学的天空中还存在"两朵乌云",正是迈克耳孙-莫雷实验证明"以太"不存在的这朵乌云促使了相对论的诞生。相对论是研究时间、空间、运动这三者关系的理论体系总称,为我们提供了新的时空观,对物理学、天文学乃至哲学思想的发展都有深远影响。

一、相对论诞生的背景

1905 年,爱因斯坦发表《论动体的电动力学》,创立了狭义相对论。他摆脱了传统观念的束缚,严密、科学地分析揭示了时间和空间的相对性以及时空的统一性,建立了新的时空观,给出了在惯性系中高速运动物体的力学规律,揭示了质量和能量的内在联系,提出的质能关系不仅为原子核物理学的发展和应用提供了根据,还为量子理论的建立和发展创造了必要的条件,从而开辟了物理学的新纪元。

1915 年,爱因斯坦又把相对论扩大到非惯性系中去,开始了有关万有引力本质的探索,发展出广义相对论,建立了完善的引力理论,它关于光线在引力作用下发生弯曲的预言,在1919 年被证实时轰动了全世界。到现在,相对论在天体物理、原子核物理和粒子物理等研究领域中得到广泛的应用,成为现代物理学以及现代工程技术中不可缺少的理论基础。爱因斯坦也因此被认为是自伽利略、牛顿以来最伟大的科学家,并于 1921 年荣获诺贝尔物理学奖。1999 年 12 月,爱因斯坦被美国《时代》周刊评选为 20 世纪的"世纪伟人"。

尽管相对论的一些概念与结论和人们的日常经验大相径庭,但它在物理学上却非常合理、和谐。狭义相对论在狭义相对性原理的基础上统一了经典力学和麦克斯韦电动力学两个体系,指出它们都服从狭义相对性原理,都是对洛伦兹变换协变的,经典力学只不过是物体在低速运动下的近似规律。广义相对论又在广义协变的基础上,通过等效原理,建立了局域惯性系与普遍参考系之间的关系,得到了所有物理规律的广义协变形式,并建立了广义协变的引力理论,而牛顿的理论只是它的近似。这就从根本上解决了以前物理学只局限于惯性系的问题,从逻辑上得到了合理的安排。相对论严格地考察了时间、空间、物质和运动这些物理学的基本概念,给出了科学系统的时空观和物质观,从而使物理学在逻辑上成为完美的科学体系。

1. 伽利略相对性原理

力学研究物体的机械运动,为了定量描述物体的位置随时间的变化,必须选定适当的参考系,这是因为力学概念,如速度、加速度、动量和角动量,以及力学规律等都是对一定的参考系才有意义的。在处理实际问题时,可以视问题的方便选取不同的参考系,而相对于任一参考系研究物体的运动时,都要应用基本的力学定律。这就出现了力学应该回答的第一个基本问题:对于不同的参考系,基本的力学定律的形式是否一样? 或者说,所有的参考系是否等价? 又因为运动是物体位置随时间的变化,所以无论是对运动的描述还是对运动定律的说明,都离不开长度和时间的测量,这就出现了力学应该回答的第二个基本问题:对于不同的参考系,长度和时间的测量结果是否一样? 或者说,时空是否绝对? 物理学对这些问题的回答经历了从经典力学到狭义相对论的发展,下面先说明经典力学是怎样回答这些问题的,然后再看狭义相对论的基本观点。

对于上面的第一个问题,经典力学的回答是:对于一切相互做匀速直线运动的惯性系,牛顿运动定律都是成立的,即一切惯性系中力学定律都等价。因此,在任何惯性系中观察同一力学现象,会得到相同的结果,这就是伽利略相对性原理或力学相对性原理。

这个思想伽利略曾进行过表述,在宣扬哥白尼的日心说时,他曾以一个封闭的船舱内所发生的现象做比喻,生动地描绘道:使船以任何速度前进,只要船的运动是匀速的,同时也不发生摆动,你从一切现象中观察不出丝毫的改变,也无法从其中任何一个现象来确定船是在运动还是静止的。当你在地板上跳跃的时候,你所通过的距离和你在一条静止的船上跳跃时所通过的距离完全相同,也就是说,你跳向船尾也不会比跳向船头位移更大,虽然你跳在空中时,脚下的船底板向着你跳的相反方向移动。当你扔东西给你的同伴时,不论他是在船头还是在船尾,只要你自己站在对面,你都不需要用更多的力。从天花板滴落的水滴,将"竖直"地落在地板上,没有任何一滴水会偏向船尾滴落,虽然当水滴尚在空中时,船在向前走。无独有偶,这种关于相对性原理的思想,在我国古籍中也有记述,《尚书纬·考灵曜》中有这样的记述:地恒动不止,而人不知。譬如人在大舟中,闭牖而坐,舟行不觉。

以上描述说明,在做匀速直线运动的封闭大船内观察任何力学现象,都不能判断船本身是静止的还是在做匀速直线运动。只有打开船窗,通过观察岸上灯塔的位置相对于船在不断地变化时,才能判定船相对于地面是在运动的。即使这样,也只能得到相对运动的结论,并不能肯定究竟是地面在运动,还是船在运动,只能确定两个惯性系的相对运动速度。由此可见,在任何封闭的惯性系中做任何的力学实验都不能判定该惯性系是静止的还是在做匀速直线运动,更不可能确定该系统做匀速直线运动的速度。因此,相对于一惯性系做匀速直线运动的一切参考系都是惯性系,不存在特殊的绝对静止的惯性系。这是伽利略相对性原理的又一结论。

关于空间和时间的问题,牛顿提出了绝对空间和绝对时间的概念。绝对空间是指长度的量度与参考系无关,绝对时间是指时间的量度与参考系无关。也就是说,同样两点间的距离或同样的前后两个事件之间的时间,无论在哪个惯性系中测量都是一样的。因此,牛顿的绝对时空观认为:

（1）空间是一种容纳运动物质的"容器"，且与其容纳的物质完全无关，是独立存在、永恒不变和绝对静止的——存在一个绝对静止的惯性系。因此，空间的量度与惯性系无关，是绝对不变的。

（2）时间与物质运动无关，是永恒地、均匀地流逝着的，因此对不同的惯性系，应当有相同的时间——在不同的惯性系中，"同时"是绝对的，一个事件持续的时间是绝对的。

（3）时间和空间彼此独立、互不相关，且不受物体运动的影响。

牛顿的这种绝对时空观是一般人对空间和时间概念的理论总结，与伽利略相对性原理有直接的关系，由伽利略变换来定量描述。伽利略变换通过数学语言表明，在一切惯性系中，经典力学中的力学定律都具有完全相同的表达形式。综上所述，绝对时空观认为存在一个绝对静止的惯性系，而伽利略相对性原理又认为用任何力学方法都找不到这个绝对静止的惯性系，即一切惯性系都是等价的，无须绝对运动的概念。这已经充分暴露出经典力学的理论不自恰。

2. 经典力学的困难

绝对时空观和伽利略相对性原理可以解决绝大多数的低速运动及测量问题，然而，当把绝对时空观用到光学现象或者高速运动时却遇到了困难。19 世纪中叶，麦克斯韦把电磁运动规律总结为麦克斯韦方程组中的四个方程，预言了电磁波的存在，并得到光是电磁波的结论。人们认为电磁波（光）在一种称为"以太"的介质中传播。科学家认为"以太"这个哲学中神奇又虚无的东西无处不在且和绝对空间保持静止，并把它选作绝对静止的参考系，相对于"以太"的运动称为绝对运动。光在"以太"系中沿任何一个传播方向的传播速度都是 3×10^8 m/s。

如果"以太"真的存在，那么当地球以约 3×10^4 m/s 的速度绕太阳公转时，站在地球赤道上的观察者就必然会感受到"以太"风迎面吹来（见图 6.10），同时它也必定对光的传播产生影响。按照经典力学，在经线和纬线两个方向上测量得到的光速应该是不同的，如果能找到这个差异，就相当于找到了地球相对于绝对空间的运动速度。

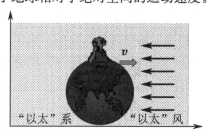

图 6.10　"以太"风

为了找到绝对空间，许多科学家进行了大量工作。其中，迈克耳孙和莫雷在承认绝对时空观正确和"以太"存在的前提下，利用光学干涉仪设计了验证实验。如图 6.11 所示，光线 A 沿赤道方向运动，光线 B 垂直于赤道方向运动，两者相遇，产生干涉条纹。将仪器旋转 90°，若两束光的传播速度确实不同，则干涉条纹在仪器转动过程中将产生移动。根据理论推导，如果存在"以太"，迈克耳孙确信实验过程中应该能够看到条纹的移动。干涉仪是一种精度非常高的实验仪器，但经过长时间的实验却没有发现任何条纹的移动。这意味着实验上认定,光在经线和纬线两个方向上的运动速度没有差异。形象地说,我们没有感受到"以太"风。

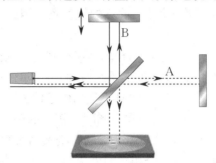

图 6.11　迈克耳孙-莫雷实验原理示意图

　　这个结果震撼了整个物理学界,众多物理学家纷纷出手,试图在绝对时空观的框架下解决问题。物理学家洛伦兹(见图 6.12)提出了"收缩假设",并经过长时间的努力得到了洛伦兹变换式,其数学形式和相对论中得到的坐标变换式完全相同。庞加莱提出了"相对性原理",指出任何实验都无法判断"以太"(如果存在)是运动的还是静止的,并预言了光速将成为一个不可逾越的界限。但由于不敢质疑绝对时空观的正确性,他们没有找到打开相对论大门的金钥匙。

图 6.12　洛伦兹

　　人们亟需能解决上述旧理论与实践矛盾的新理论。当别人忙着在经典物理的框架内用形形色色的理论来修补"以太"风学说时,爱因斯坦却另辟蹊径,跳出经典力学的绝对时空观,建立了狭义相对论。

二、狭义相对论的创立

1. 追光少年爱因斯坦

　　爱因斯坦出生于德国乌尔姆市的一个犹太人家庭,1901 年毕业于瑞士苏黎世工业大学,被聘为伯尔尼专利局的技术员(见图 6.13)。1905 年,获苏黎世大学哲学博士学位。1909 年起历任苏黎世大学、德意志大学(布拉格)和苏黎世工业大学教授。1913 年返回德国,任柏林大学教授、威廉皇家物理研究所所长、普鲁士科学院院士。1933 年迁居美国,任普林斯顿高级研究所教授。

图 6.13　爱因斯坦在伯尔尼专利局工作

大学期间,爱因斯坦迷上了物理学,他阅读了著名物理学家基尔霍夫、赫兹等人的著作,钻研了麦克斯韦的电磁场理论和马赫的力学,并经常去理论物理学教授的家中请教。此外,他的大部分时间是去物理实验室做实验,迷恋于直接观察和测量。

其实爱因斯坦早在 16 岁时,就思考过一个问题,如果光源静止在"以太"中发出光,而有人以光速运动,按照经典力学,光将与人保持相对静止。此时,人看到的应该是凝固不动的电磁波。然而按照麦克斯韦电磁场理论,这样"凝固"而不传播的电磁波是不存在的。

爱因斯坦对这个问题思考了很久,他将伽利略相对性原理和麦克斯韦电磁场理论同时考虑时,敏感地意识到"以太"这个概念是错误的,并认识到无论在何种惯性系中,光的传播速度都是相同的,即光速不变。同时,他认为伽利略相对性原理应该适用于包括力学、电磁学定律在内的一切物理学定律。这是走向狭义相对论的第一步。

爱因斯坦经过整整 10 年的思考,终于跳出了绝对时空观的框架,在 1905 年发表的《论动体的电动力学》一文中提出了狭义相对论的两个基本假设,建立了狭义相对论。

第一个基本假设:在所有惯性系中,物理学定律都是等价的。

这个假设是伽利略相对性原理的推广,即所有惯性系都是等价的,惯性系中所有的物理规律都一样。爱因斯坦提出的相对性原理希望把包括力学和电磁学规律在内的一切物理规律都包括进去。

第二个基本假设:真空中的光速在所有惯性系中都不变,与观察者是否运动或沿什么方向运动无关。

这个假设表明在任何惯性系中,光在真空中的传播速率都相等,或者说光速与光源和观察者的相对运动无关。这一假设也被很多天文观察和近代物理实验所证实。1964 年到 1966 年,欧洲核子研究中心进行了有关光速的精密实验测量,直接验证了光速不变的假设。爱因斯坦提出的两大假设预示着物理学中的时空观念将发生革命性的变革。

2. 洛伦兹变换

爱因斯坦的两个假设迎合了实验结果,但显然同绝对时空观及其数学表达伽利略变换相矛盾,动摇了经典物理学的根基。因此,需要寻找一个与爱因斯坦两个基本假设相一致的新变换,来联系两个相对运动的惯性系。当初洛伦兹在用"收缩假设"解释迈克耳孙-莫雷实验时,就已经给出了这组变换关系,但他认为这只是"纯数学手段",其中的时间也只是个数学辅助量。爱因斯坦则依据狭义相对论的两个基本假设,严格论证了洛伦兹变换的物理意义。

下面从爱因斯坦的两个基本假设出发,来推导不同惯性系之间的新的变换关系。在推导之前,引入一条公设,即认为时间和空间都是均匀的,因此它们之间的变换关系必须是线性关系。此外,还要求这个变换能在运动速度 $u \ll c$ 时,退化为伽利略变换(因为在低速情况下,经典力学和伽利略变换都得到了证实)。

为简化运算,选择惯性系 S 和 S′ 的坐标轴的各对应轴相互平行,x 和 $x′$ 轴方向相同且重合,相对运动(S′ 系相对于 S 系做匀速直线运动)的速度 u 沿着 x 轴。再设 $t = t′ = 0$ 时,原点 O 与 $O′$ 重合。事件 P 在两惯性系 S 和 S′ 中的时空坐标分别为 (x, y, z, t) 和 $(x′, y′, z′, t′)$,据此,参考伽利略变换式

$$x = x′ + ut′,$$
$$x′ = x - ut,$$

在前面时空均匀性假定的前提下应有如下线性变换:

$$x = k(x′ + ut′),$$
$$x′ = k′(x - ut)。$$

根据狭义相对性原理,惯性系 S 和 S′ 是等价的,上面两个等式的形式就应该相同(除正负符号外),所以两个等式中的比例常数 k 和 $k′$ 应相等。把上面两个等式相乘,得

$$xx′ = k^2(x′ + ut′)(x - ut)。$$

另外,为了获得确定的变换法则,必须求出常数 k。假设光信号在 O 与 $O′$ 重合时 $(t = t′ = 0)$ 由重合点沿 x 轴前进,那么在一段时间后,光信号到达点的坐标对两个参考系来说,根据光速不变原理分别是

$$x = ct, \quad x′ = ct′。$$

综上可得

$$c^2 tt′ = k^2 tt′(c + u)(c - u),$$

解得

$$k = \frac{c}{\sqrt{c^2 - u^2}} = \frac{1}{\sqrt{1 - \dfrac{u^2}{c^2}}}。$$

求得 k 值后,即有

$$x = \frac{x′ + ut′}{\sqrt{1 - \dfrac{u^2}{c^2}}}, \quad x′ = \frac{x - ut}{\sqrt{1 - \dfrac{u^2}{c^2}}}。$$

从这两个等式中消去 $x′$(或 x),便可得时间的变换式,即

$$x \sqrt{1 - \frac{u^2}{c^2}} = \frac{x - ut}{\sqrt{1 - \dfrac{u^2}{c^2}}} + ut′,$$

化简得

$$t' = \frac{t - \dfrac{ux}{c^2}}{\sqrt{1 - \dfrac{u^2}{c^2}}}。$$

类似地,有

$$t = \frac{t' + \dfrac{ux'}{c^2}}{\sqrt{1 - \dfrac{u^2}{c^2}}}。$$

于是得到从惯性系 S 到 S′ 的时空变换式为

$$\begin{cases} x' = \dfrac{x - ut}{\sqrt{1 - \dfrac{u^2}{c^2}}}, \\[4mm] y' = y, \\ z' = z, \\[2mm] t' = \dfrac{t - \dfrac{ux}{c^2}}{\sqrt{1 - \dfrac{u^2}{c^2}}}, \end{cases}$$

从惯性系 S′ 到 S 的时空变换式为

$$\begin{cases} x = \dfrac{x' + ut'}{\sqrt{1 - \dfrac{u^2}{c^2}}}, \\[4mm] y = y', \\ z = z', \\[2mm] t = \dfrac{t' + \dfrac{ux'}{c^2}}{\sqrt{1 - \dfrac{u^2}{c^2}}}。 \end{cases}$$

这就是著名的洛伦兹变换式及其逆变换式。

洛伦兹变换式是狭义相对论的核心,它表达了同一事件在两个不同惯性系中的时空坐标变换关系。不难看出,当 $u \ll c$,即物体的运动速度远小于光速时,洛伦兹变换式就退化为伽利略变换式。由此可见,伽利略变换式只适用于物体运动速度较小(与光速相比)的情况,当物体的运动速度接近光速时,必须采用洛伦兹变换式。另外,与伽利略变换相比,洛伦兹变换中的时间坐标和空间坐标相关,揭示了时间、空间和运动之间的紧密联系,即时空不可分。因与洛伦兹的"收缩假设"得出的洛伦兹变换虽出发点不同,含义不同,但数学形式相同,故仍称之为洛伦兹变换。

三、狭义相对论的时空观

狭义相对论为人们提出一种不同于经典力学的新时空观,我们运用洛伦兹变换式也可得到许多与日常经验相违背的、令人惊奇的重要结论,且这些结论已被近代高能物理中许多实验证实。

1. 同时的相对性

在绝对时空观中,同时性是绝对的,即在一个惯性系中不同地点同时发生的两个事件,在另一个惯性系中看来也是同时发生的。这种认识符合我们的日常生活经验,因为我们生活在一个低速(相对于光速)的世界里。但如果脱离低速的环境,这个"同时"就未必正确。狭义相对论认为在一个惯性系中不同地点同时发生的两个事件,在另一个与之有相对运动的惯性系中看来,并不是同时发生的。

我们以一个想象中的实验说明这个问题。一列火车在匀速直线行驶,在其中部的闪光灯分别向车头和车尾发出一道闪光,如图 6.14 所示。某人站在火车中部观察,由于两道闪光速度相同,因此在她看来,两道闪光到达车头和到达车尾这两个事件是同时发生的。另一人站在地面上观察,在闪光向车头和车尾传播的过程中,车尾在火车向前移动的过程中向着闪光点而来,而车头远离闪光点而去。同样,因为光速不变,所以闪光到达车尾的时间短,该事件先发生,而到达车头的时间长,该事件后发生。

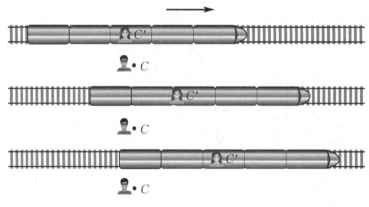

图 6.14　同时的相对性

2. 长度收缩

当待测物体相对于观察者静止时,一个物体的长度是所测得的物体两个端点位置之间的距离。然而,当待测物体相对于观察者运动时,通常的办法是同时记录下来物体的两个端点位置,这两个位置之间的距离就是运动着的物体的长度。假定有一根直杆沿 x 轴静止放置在惯性系 S 中,杆在其中的长度 $L_0 = x_2 - x_1$,这时惯性系 S′(运动情况与之前的假设一致)中的观察者去测量直杆长度,必须同时测量直杆的两个端点的坐标。设测得的直杆两端的时空坐标分别为 (x_1', t_1') 和 (x_2', t_2'),并要求 $t_2' = t_1'$,根据洛伦兹变换式,有

$$L_0 = x_2 - x_1 = \frac{(x_2' - x_1') + u(t_2' - t_1')}{\sqrt{1 - \dfrac{u^2}{c^2}}} = \frac{x_2' - x_1'}{\sqrt{1 - \dfrac{u^2}{c^2}}} \text{。}$$

于是

$$L_0 \sqrt{1 - \frac{u^2}{c^2}} = L < L_0,$$

其中 L 是惯性系 S' 中的观察者所测得的长度;L_0 是相对直杆静止的观察者所测得的长度,称为固有长度。

由此可见,在惯性系 S' 中的观察者看来,运动着的直杆在运动方向上的长度缩短了,这就是长度收缩或洛伦兹收缩。按照狭义相对论,这种长度收缩是时空的属性,并不是由于运动引起物质之间相互作用而产生的收缩。应该强调,狭义相对论中的长度收缩完全是相对的,且长度收缩只发生在运动方向上,按照洛伦兹变换,在与运动方向垂直的方向上,长度是不变的。

3. 时间延缓

在狭义相对论中,如同长度不是绝对的那样,时间间隔也不是绝对的。设在惯性系 S' 中有一只静止的钟,对于 x_0' 处所发生的两个事件,钟记录的时间间隔为 $\Delta t' = t_2' - t_1'$。由于 S' 系相对于 S 系以速度 u 沿 x 轴方向运动,我们利用洛伦兹变换,可得

$$t_1 = \frac{t_1' + \dfrac{ux_0'}{c^2}}{\sqrt{1 - \dfrac{u^2}{c^2}}}, \quad t_2 = \frac{t_2' + \dfrac{ux_0'}{c^2}}{\sqrt{1 - \dfrac{u^2}{c^2}}},$$

于是

$$t_2 - t_1 = \frac{t_2' - t_1'}{\sqrt{1 - \dfrac{u^2}{c^2}}} \quad \text{或} \quad \Delta t = \frac{\Delta t'}{\sqrt{1 - \dfrac{u^2}{c^2}}} \text{。}$$

可以看出,$\Delta t > \Delta t'$。这就是说,在 S' 系中所记录的某一地点发生的两个事件的时间间隔,小于在 S 系中记录的这两个事件的时间间隔。换句话说,S 系的钟记录 S' 系内某一地点发生的两个事件的时间间隔比 S' 系的钟所记录的两个事件的时间间隔要长些。由于 S' 系是以速度 u 沿 x 轴方向相对于 S 系运动,因此可以说,运动着的钟走慢了,这就是时间延缓或动钟变慢。同样,从 S' 系看 S 系的钟,也会认为运动着的 S 系的钟走慢了。

时间延缓的来源是光速不变原理,它是时空的一种属性,并不涉及时钟的任何机械原因和原子内部的任何过程。

狭义相对论诞生后,曾经有一个令许多人感兴趣的疑难问题 —— 双生子佯谬(见图 6.15)。一对双生子 A 和 B,A 在地球上,而 B 乘航天飞船(假设速度接近光速)去星际旅行。爱因斯坦根据相对论判断,经过漫长的旅途后,重返地球的 B 将比 A 年轻。那么疑问在于,A 看 B 在运动的同时,B 看 A 也是在运动的,为什么不能是 A 比 B 年轻呢? 这是由于地球可以近似看作惯性系,而航天飞船不能。航天飞船在返回地球的过程中必定经历减速和加速的

过程,这需要用广义相对论的知识去解答,而广义相对论也认为上述现象能够发生。

图 6.15 双生子佯谬

4. 质量和能量

爱因斯坦在考虑物体运动定律在高速情形下的表述时,一方面要求运动定律必须满足相对性原理,另一方面还要求它在低速条件下不能违背牛顿运动定律。这时,爱因斯坦意识到物体的质量必须是相对的。例如,一个物体在静止时的质量(静质量)为 m,当它高速运动时,其质量必须增大。这样,一个高速运动的物体的质量将变得非常大,并随速度趋近 c 而无限增大。因此,我们无法使物体速度增加到光速。

在相对论提出之前,能量与质量是分开的,并且独立守恒。爱因斯坦进一步揭示了物质的质量和能量不再像经典力学那样独立,而是物质的同一个性质:质量即能量,能量即质量,并以公式 $E = mc^2$ 联系了起来。这个公式又称为质能关系式(见图 6.16),它揭示了物质所蕴含的总质量和总能量之间的关系:总能量与物质的质量成正比。物体即使静止也具有与静质量对应的静能。由于光速是如此之大的一个常数,它表明任何物质都蕴含了极其巨大的能量,因此质能关系式预言了原子能的存在,为原子弹、氢弹与核电站的发明提供了理论基础。所以,这一公式被称为"改变世界的方程"。

图 6.16 爱因斯坦写下质能关系式

质能关系式告诉我们,若使某一反应过程的质量亏损达到 1 g,对应放出的巨大能量,能使 1×10^{10} kg 水的水温升高约 2 ℃。科学研究表明,原子核反应导致的质量亏损比化学反应大约高一百万到一千万倍。尽管物质具有如此巨大的能量,但是要将这些能量取出并利用却不是易事。在放射性衰变、原子核反应以及高能粒子实验中表明,质能关系式所表示的质量-能量关系是无比正确的。

四、广义相对论简介

在狭义相对论的时空观中,空间和时间都是相对的,并且两者相互关联,但它所讨论的参考系只限于惯性系,也没有涉及引力问题。所以,爱因斯坦在提出狭义相对论之后,一直致力于将相对论的观点扩展到具有加速度的非惯性系中去。继狭义相对论之后,经过 10 年的思考,爱因斯坦于 1915 年提出了广义相对论。他在狭义相对论时间和空间相关联的基础上,进一步提出时空和质量、能量之间也应该是关联的。

在牛顿第二定律中,m 代表反映物体运动惯性的惯性质量,而在万有引力定律中,m 则代表反映物体间引力大小的引力质量。这两个质量是在不同的实验基础上提出的,概念不同,代表的物理量不同,而爱因斯坦则认为两者是相等的。此即广义相对论的等效原理:一个物体的惯性质量和引力质量必须等效。这一等效原理可以从下面这个例子看出。试想一个火箭一样的盒子浮在远离任何引力场的空中。在盒子中,所有物体都飘浮在太空中,如图 6.17 所示。显然,此时地板是没有意义的。如果火箭被加速,或者静止于地面而受重力作用,两种情形下的地板就有了作用。但是待在这个封闭盒子里的人做任何物理实验,都无法区分盒子是静止处在地球上,还是处在加速的火箭中。于是,爱因斯坦得出:均匀引力场中的一个静止参考系与空间中一个加速运动参考系等价,这也是等效原理的另一种表述。由此进一步提出广义相对论中重要的广义相对性原理:物理学定律对所有参考系都有相同的形式。

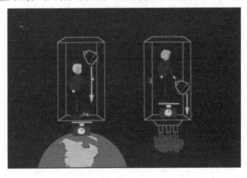

图 6.17　等效原理

接下来,爱因斯坦在探究如何用数学方程表达广义相对性原理的过程中,进一步提出时空的性质是由其间物质的能量、动量决定的。1915 年,爱因斯坦提出了著名的爱因斯坦场方程,如图 6.18 所示。

$$R_{\mu\nu} - \frac{1}{2} g_{\mu\nu} R = \frac{8\pi G}{c^4} T_{\mu\nu}$$

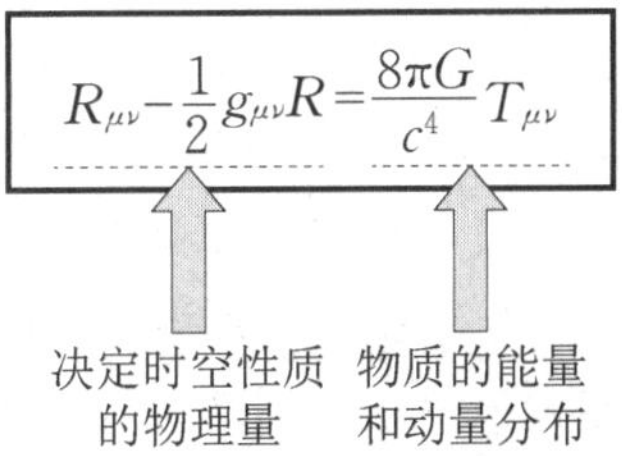

决定时空性质　物质的能量
的物理量　　　和动量分布

图 6.18　爱因斯坦场方程

　　广义相对论认为引力场是物体周围的时空弯曲,而物体受引力作用的运动则是物体在弯曲时空中沿最短路线的自由运动。广义相对论把空间、时间、质量、能量结合到一起了,它们彼此相互关联,决定各自的性质和外在的物理表现。

　　广义相对论提出以来,论证了时空的弯曲是引力场的体现,以及引力导致时间延缓等效应,预言了水星近日点的反常进动、光频的引力红移、光线的引力弯曲、引力波等现象,这些都陆续被天文观测或实验所证实。20世纪60年代,强引力天体中子星的发现使广义相对论的研究呈现出欣欣向荣的局面。在天体结构和演化以及宇宙的结构和演化研究中,广义相对论已成为其重要的理论基础。

引　力　波

　　1915年,爱因斯坦创立了广义相对论,并在次年首次预言了引力辐射——引力波的存在。引力波是指物体的质量在空间的分布发生一些特定变化时引起的时空波动,它会向外界辐射能量。爱因斯坦指出,与电磁辐射的最主要贡献来源于电偶极矩不同,引力波辐射的最主要贡献来源于质量的四极矩。一般来说,由于四极矩形变要比偶极矩小很多,再加上引力的耦合常数的数值非常小,所以引力波的观测非常困难。

　　人们一直想要直接探测到引力波,为此建设了很多引力波项目。20世纪60年代,美国马里兰大学的韦伯建造了第一个引力波探测器。该探测器由一个巨大的圆柱形铝棒构成,通常称为棒状探测器。1969年,韦伯宣称探测到了来自银河系中心的引力波信号,一时引起轰动。但是世界各国建成的其他更高灵敏度的引力波探测器都未有类似的发现。核对当时的天文观测资料也没有发现银河系中心有任何异常情况的记录。另外,科学界认为韦伯当时探测到的引力波强度太大,应该是某种干扰信号而不是引力波。因为按照韦伯接收到的信号强度,银河系在几亿年内就会因引力辐射而消失。韦伯的实验虽然没有成功,但是他开创了引力波探测的先河,带动了更多更先进项目的出现,激励了更多科学家投身到引力波探测事业中来。

　　LIGO是美国的激光干涉引力波天文台,它的本质其实就是迈克耳孙干涉仪。当引力波经过时,可通过测量由于干涉仪的双臂长度改变而导致产生的光程差,结合精密测量技术,捕捉微弱信号。LIGO于1999年建成,其探测精度达到10^{-22} m量级,然而观测了近10年并没有检测到引力波。2010年LIGO进行升级改造,至2015年初步完成,其灵敏度比升级前提高4倍。这是世界上有史以来最灵敏的科学仪器,并于2016年宣布观测到了引力波。LIGO于2020年完成全部升级改造,其灵敏度达到初始LIGO的10倍,精度达到10^{-23} m量级。目前全球已经建设了多个大型的激光干涉引力波探测器。意大利和法国联合建造了臂长为3 km的VIRGO,英国和德国联合建造了臂长为600 m的GEO600,日本建造了臂长为300 m的TAMA300(后改名为KAGRA),澳大利亚建造了臂长为4 km的AIGO,大致分布如图 6.19 所示。这些探测器的联网运行将大大提高引力波波源的定位精度。

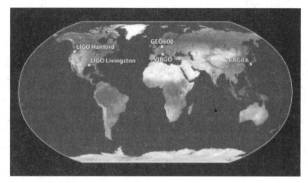

图 6.19　部分引力波天文台分布

　　2016年,LIGO宣布成功探测到引力波信号。这一信号由LIGO的两个探测器于2015年探测到。位于利文斯顿(Livingston)的探测器比约 3 000 km 外汉福德(Hanford)的探测器早约 7 ms 发现信号,这与光速经过两地的时间差相当。LIGO在升级完成后正式开始观测的前几天进行了试观测,试观测期间就探测到这一引力波信号,但经过长达 5 个月严谨而精确的数据分析处理后才正式公布。这一信号持续时间约 0.2 s,频率从 35 Hz 到约 250 Hz,由距离地球13亿光年远的两个质量分别为36和29倍太阳质量的黑洞合并引起。这两个黑洞合并成一个质量为 62 倍太阳质量的新黑洞,损失的质量以引力波的形式释放了出来,这一引力波事件被命名为GW150914。引力波的示意图如图 6.20 所示。

图 6.20　两个相互绕转的黑洞释放的引力波

　　目前,人类已经观测到了数十次引力波事件。2017 年,韦斯、巴里什、索恩共同分享了诺贝尔物理学奖,以表彰他们对 LIGO 探测装置的决定性贡献以及探测到引力波的存在。

　　爱因斯坦在预言引力波存在时没想到引力波真的能够探测出来,他认为它们的数值十分微小,不会对任何东西产生显著的作用,没有人能够去测量它们。LIGO 的这一发现补全了广义相对论验证的最后一块"拼图",至此,爱因斯坦关于广义相对论的预测全部都得到验证。

　　我们之前一直通过电磁信号来观察宇宙,直到探测到引力波,为人类观测宇宙打开了一扇全新的窗口,人类的观测能力得到新的突破,对宇宙的认识将获得前所未有的体验。引力波成为人类了解遥远天体的崭新手段,它将帮助我们获取黑洞等不发光天体的信息,了解超重天体的运行及碰撞情况,更精确地观察宇宙中遥远的角落,帮助科学家更好地理解宇宙的构成。

第三节 奇妙的量子世界

在生活中我们会感觉,物质似乎可以不断地被分割。从宇观到宏观、从宏观到介观、从介观到微观,尺度可以不断缩小下去。我们生活在宏观世界,我们耳熟能详的微观粒子却看似非常遥远和陌生,如果我们用宏观经典的物理语言去描绘微观粒子的运动,困难不可避免。为了弄清这些问题,我们要提及 20 世纪另一场伟大的物理学革命 —— 量子理论的发展。

一、量子化的微观世界

1. 量子理论的提出

量子理论是从物理学界的另一朵"乌云"—— 黑体辐射问题引出的。1800 年,天文学家赫歇尔发现,在红外区有一种产生明显热效应的辐射,从而发现了红外线。第二年,里特发现了紫外线。1821 年,泽贝克发现温差电动势并用于测量温度。之后,众多物理学家致力于研究热辐射的性质、辐射能量与辐射源的关系以及辐射能量按波长的分布曲线等问题,并得出光谱、热辐射、光辐射相统一的结论。

辐射热计可以很灵敏地测量辐射能量,并测出能量随波长变化的曲线。如图 6.21 所示,从曲线可以很明显地看到能量最大值随温度的升高而向短波方向转移。

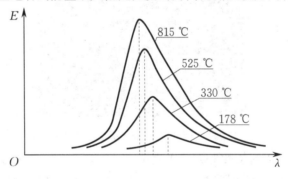

图 6.21 黑体辐射

1860 年左右,基尔霍夫提出,物体的发射率 $e(\lambda, T)$ 和吸收率 $\alpha(\lambda, T)$ 的比值,等于物体处于辐射平衡时的表面亮度 $E(\lambda, T)$,即

$$\frac{e(\lambda, T)}{\alpha(\lambda, T)} = E(\lambda, T)。$$

他还指出这一比值对所有物体都是一样的,与辐射物体的性质无关。实际上,$E(\lambda, T)$ 反映的是辐射在不同温度下按波长分布的函数,它是一个与物体性质无关的普适函数。

1862 年,基尔霍夫提出黑体即为在任何温度下都能全部吸收落在它上面的一切辐射的物质。显然,当吸收率 $\alpha = 1$ 时,物体的发射率就是辐射的普适函数。

1879 年,物理学家斯特藩总结出一条经验规律:黑体表面单位面积上在单位时间内发射出

的总能量 W 与它的热力学温度 T 的四次方成正比，即 $W = \sigma T^4$，其中 σ 为一常量。1884 年，玻尔兹曼结合电磁学和热力学理论，利用统计方法的结果，从理论上也导出了上述规律，故称之为斯特藩-玻尔兹曼定律。1893 年，物理学家维恩（见图 6.22）根据热力学理论和上述斯特藩-玻尔兹曼定律，导出了维恩位移律 $\lambda_m \cdot T = b$，其中 λ_m 是峰值波长，T 是热力学温度，b 为一常量。1895 年，维恩首先指出，黑体可以用一个带有小孔的辐射空腔来实现，如图 6.23 所示。1896 年，陆末和普林斯海姆实现了空腔辐射，为黑体辐射强度的定量测量提供了重要手段。

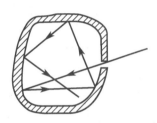

图 6.22　维恩　　　　　　　　图 6.23　空腔黑体模型

1896 年，维恩通过半理论、半经验的方法，得到一个辐射能量分布公式

$$\rho(\nu, T) = B\nu^3 e^{-A\nu/T},$$

其中 B, A 为常量。普朗克将电磁学理论应用于热辐射和谐振子的相互作用，并通过熵的运算得到了与维恩相同的结果。

按照维恩公式，辐射强度应该随频率的减小而减小。后来，几位实验物理学家指出，他们把空腔加热到 $800 \sim 1\,000\,\text{K}$ 时，得到的能量分布曲线很好地符合了维恩公式。但是，这个公式只在短波区和实验结果相符，在长波区则不相符。

1900—1905 年，瑞利和金斯根据经典统计力学，推出了黑体辐射的能量分布公式

$$\rho(\nu, T) = \frac{8\pi\nu^2}{c^3} \cdot kT \quad \text{或} \quad \rho(\lambda, T) = \frac{8\pi}{\lambda^4} \cdot kT 。$$

该公式在长波区与实验结果比较符合，但在短波区却出现了无穷值，而实验结果是趋于零。这部分严重的背离，被称为"紫外灾难"，如图 6.24 所示。

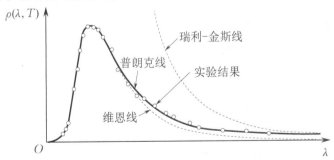

图 6.24　理论与实验曲线的比较

瑞利-金斯公式推导过程严谨，其理论基础为经典统计力学，但是其结果却与实验不相符，

这是不是意味着经典物理学的基本原理有问题呢？德国物理学家普朗克为摆脱上述困难,经过深入研究和分析,发现只要抛弃经典物理学中关于能量连续分布的概念,将能量看作一份一份的,就可以得到与实验完全一致的黑体辐射公式,从而首次提出了能量量子化的概念。

普朗克关于黑体辐射的假说如下:

(1)黑体腔壁上的原子可以看作是带电谐振子(即振荡电偶极子),空腔黑体的热辐射是腔壁上的谐振子向外辐射各种频率电磁波的结果;

(2)原子的振动能量不是连续地取值,只能取最小能量的整数倍,每一份能量与谐振子的频率 ν 成正比,即谐振子的能量只能是

$$E = nh\nu,$$

其中 n 是正整数,h 称为普朗克常量,它的现代最优值为 $h = 6.626\,070\,15 \times 10^{-34}$ J·s。普朗克把上述公式给出的每一份能量单元 $h\nu$ 称为能量子,简称为量子。

普朗克在上述能量子假说的基础上,结合统计理论、电磁学理论,导出了黑体的单色辐出度公式,即普朗克公式

$$M_\nu = \frac{2\pi h}{c^2} \frac{\nu^3}{e^{h\nu/(kT)} - 1}$$

或

$$M_\lambda = \frac{2\pi h c^2}{\lambda^5} \frac{1}{e^{hc/(\lambda kT)} - 1},$$

其中 ν 是频率,λ 是波长,T 是热力学温度,c 是光在真空中的速率,k 是玻尔兹曼常量。这一公式在全部波长范围内都和实验的数据曲线完全吻合。

接受普朗克的能量子假说是比较困难的,因为经典物理学中原子振动的能量是可以连续取值的,原则上不受任何限制。即使是普朗克本人,在"绝望地""不惜任何代价地"提出能量子概念后,还长期尝试用经典物理学理论来解释它的由来,但都失败了。直到 1911 年,他才真正认识到量子化的全新、基础性的意义,它是不可能由经典物理学导出的。其实,物理学中某些量的量子化现象不止能量一例,例如美国物理学家密立根在 1910 年前后所做的油滴实验,证实了电荷的量子化。如果考虑到物质都是由原子构成的,还可以知道所有物体的质量都是原子质量的整数倍。这样,就容易接受能量量子化的观点了。由于"能量子"这一概念的革命性和重要性,普朗克获得了 1918 年的诺贝尔物理学奖。

在研究黑体辐射过程中发展起来的许多技术在现代已获得广泛应用。1964 年,彭齐亚斯、威尔孙为了改进"回声"号卫星的通信,在校准天线过程中发现了空间中存在无法消除的噪声,由此发现了与黑体辐射一致的宇宙背景辐射,这一发现为宇宙大爆炸理论提供了证据,他们也因此荣获 1978 年的诺贝尔物理学奖。在普朗克理论中,只考虑了电磁辐射在与振子发生能量交换时,才显示能量的不连续性,对电磁辐射的处理,还是用了麦克斯韦理论,也就是说电磁场在本质上还是连续的。这种观点还是不彻底的。第一个意识到量子化概念的普遍意义,并将其运用到其他问题上的是爱因斯坦。历史一步步将量子理论推上了物理学新纪元的开路先锋的位置,量子理论的发展已是锐不可当。

2. 爱因斯坦的光量子理论

1888 年,赫兹第一次通过实验证实了电磁波的存在,并同时发现了最早的光电效应,即当光照射到接收电路的间隙处时会产生电火花的现象,但是当时对其原理并不是很清楚。

直到汤姆孙发现了电子,物理学家才认识到这个现象的本质:一定频率范围的光照射到金属表面,能使金属中的电子从表面逸出,这个效应称为光电效应,这个过程中产生的电子被称为光电子。

图 6.25 所示为光电效应的实验装置简图,图中上方为一抽成真空的玻璃管。当光通过石英窗口照射由金属或其氧化物制成的阴极 K 时,就有光电子从阴极表面逸出。光电子在电场加速下向阳极 A 运动,将形成光电流。

图 6.26 所示为光电效应的实验曲线,它表明入射光频率一定,饱和光电流与入射光强成正相关。从图中还可以看到,当阳极电势低于阴极电势时,仍有光电流产生。只是当此反向电压值大于某一值 U_c(不同金属的 U_c 不同) 时,光电流才等于零。这一电压值 U_c 称为遏止电压(也称为截止电压)。遏止电压的存在,说明此时从阴极逸出的速率最大的光电子,由于受到电场的阻碍,也不能到达阳极了。根据能量分析可得,光电子逸出时的最大初动能和遏止电压的关系为

$$\frac{1}{2}m_0 v_m^2 = eU_c,$$

其中 m_0 和 e 分别是电子的质量和电量,v_m 是光电子逸出金属表面时的最大速率。由此可以测量光电子的最大初动能。

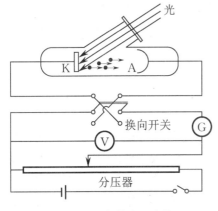

图 6.25　光电效应实验装置

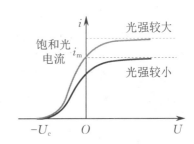

图 6.26　光电效应 i-U 曲线

光电效应的实验结果表明:(1) 只有当入射光的频率大于某一值 ν_0 时,才能从金属表面释放电子。对某一金属材料来说,发生光电效应所需的入射光的最小频率叫作光电效应的红限频率,相应的波长称为红限波长。不同金属材料的红限频率不同。(2) 光电子的最大初动能和入射光的频率成线性关系,但与光强无关。(3) 光电子的逸出,几乎是在光照射到金属表面上的瞬间发生的,实际延迟时间在 10^{-9} s 以下,即使对极弱的入射光也是如此。

对于光电效应的上述实验结果,经典的光波动理论也遇到了"灾难",因为按照经典的波动理论:(1) 光的强度由光波的振幅决定,而不是仅由频率与光子数决定。(2) 只要光照射的时间足够长或入射光的光强足够大,金属表面的电子就应该能得到足够的能量而逸出,而实验结果却存在频率或波长的限制。(3) 金属中的电子必须经过较长时间才能从光波中收集和积累到足够的能量而逸出金属表面,时间绝对要大于 10^{-9} s。

为了解决用光波动理论解释光电效应出现的困难,从理论上解释光电效应,爱因斯坦发

展了普朗克的能量子假说,于 1905 年提出了光量子理论:光由以光速运动的光量子(简称为光子)构成,每个光子的能量 ε 与光的频率 ν 的关系为

$$\varepsilon = h\nu 。$$

由此可见,频率不同,光子的能量也不相同,光强等于单位时间内穿过与传播方向垂直的单位面积的所有光子的能量之和。

按照光量子理论,当频率为 ν 的光照射金属表面时,金属中的电子将吸收光子,获得 $h\nu$ 的能量,此能量的一部分用于电子逸出金属表面所需要做的功(称为逸出功,记为 A),另一部分则转变为逸出电子的初动能 $\frac{1}{2}m_0 v^2$。根据能量守恒定律有

$$h\nu = \frac{1}{2}m_0 v^2 + A,$$

这就是光电效应方程,其中,逸出功与红限频率的关系为

$$A = h\nu_0 。$$

按照光量子理论,照射光强越大,单位时间打在金属表面上的光子数就越多,由金属内击出的光电子数也越多,所以饱和光电流与光强成正比。由于每一个电子从光波中得到的能量为光子的能量,其只与光的频率成正比,因此光电子的初动能与入射光的频率成线性关系,与光强无关。又因为一个电子同时吸收两个以上光子的概率近似为 0(仅在强激光照射时才可能发生),所以当金属中的电子吸收光子的能量 $h\nu < A = h\nu_0$,即入射光的频率 $\nu <$ ν_0 时,电子就不能从金属中逸出,不能发生光电效应。此外,光子与电子作用时,光子一次性将能量全部传给电子,因而不需要时间积累,即光电效应是瞬时发生的。这样,光量子理论便成功地解释了光电效应的实验规律。

爱因斯坦用光量子理论对光电效应做出的理论解释在最初的科学界是不被认可的,尽管此理论能够符合实验事实,但光电效应方程的定量关系还没有被实验证实,因而在当时连相信量子概念的一些物理学家也不接受光量子理论。密立根经过十年之久的研究,并于1916 年发表了关于光电效应的定量实验研究结果。

普朗克与爱因斯坦应用量子理论分别成功地解释了黑体辐射与光电效应,这说明光具有粒子性,而光的干涉、衍射、偏振等一系列实验又清晰地显示了其波动性。在 20 世纪初,物理学陷入了一种困境:有一些已知的现象只能用光的波动理论才能解释,不能用光的粒子理论解释,而另一些现象却只能用粒子理论来解释。

那么,光到底是粒子还是波呢? 回顾人类对宇宙的认识过程,从"巨大生灵驮起大地"到"地心说""日心说",再到现代的"宇宙大爆炸理论",人类在各个时期的认识存在如此之大的差别,但宇宙还是这个宇宙。粒子概念和波的概念是人们在经典物理学研究过程中建立起来的,它描述的是实在的自然现象。但自然就是自然,它不因为人们的认识而改变,人们只能在更新概念的过程中更加深入地了解自然。现在发现了光既具有粒子性又具有波动性,这是比经典物理学更深入的认识。那么,如何来描述光的属性呢?

只有接受这样一个结果:借用经典"波"和"粒子"术语来描述光,但同时要明白,它既不是经典波又不是经典粒子。

现代物理学对光的认识是:光具有波粒二象性,波动性突出表现在传播过程中(如干涉、

衍射),而粒子性突出表现在与物质相互作用的过程中(如黑体辐射、光电效应)。光的波动性描述的参量为波长和频率,光的粒子性则用质量、动量、能量描述。

进一步肯定光量子理论的是康普顿效应。美国物理学家康普顿研究了X射线通过石墨等物质后向各个方向的散射,进一步证实了光量子理论,并对实验结果给出了理论上的解释,康普顿也因此获得1927年的诺贝尔物理学奖。

康普顿设计的实验装置如图6.27所示,X射线经光阑后成为一细束,投射到散射物质(石墨)上,从石墨再出射的X射线是沿各种方向的,故称为散射。散射光的波长和强度可利用X射线谱仪来测量,将出射的X射线与入射方向之间的夹角φ称为散射角。在不同散射角上测量X射线的强度对波长的分布。设入射光的波长为λ_0,实验分析发现:入射方向($\varphi=0$)的波长保持为λ_0,其他方向除了存在波长为λ_0的散射光以外,还存在大于λ_0的波长。这种存在散射波长增大的现象称为康普顿效应,也称为康普顿散射。

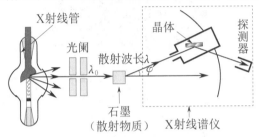

图 6.27　康普顿效应的实验装置

实验发现,波长的改变量与入射光波长无关,也与散射物质无关。中国物理学家吴有训当时在实验上为康普顿效应提供了大力支持。显然,上述实验结果与光的波动说是矛盾的:按波动观点,入射电磁波引起了电子的受迫振动,但振动电子发出的光波频率应该与入射光的频率相同,而实际散射光的波长比入射光的波长大。此外,如果把X射线看作经典的电磁波,因为它是横波,在$\varphi=90°$方向应该不存在散射光,而事实与此不符。

康普顿用爱因斯坦的光量子理论解释了这一实验事实:将入射的X射线与散射物质的作用看成是X射线的光子与散射物质中束缚较弱的原子外层电子的碰撞。康普顿实验所用的X射线的光子的能量比散射物质中碳原子外层电子的结合能大得多,所以外层电子可视为自由电子,且碰撞前可近似认为处于静止状态。康普顿还通过理论计算定量算出了散射光的波长增量。

康普顿效应直接支持了光量子理论,并证实了相对论效应在宏观、微观均存在,而且还证明了在光子和微观粒子的作用过程中,动量和能量守恒定律都是成立的。

3. 玻尔的经典量子论

在前面,我们探讨了关于原子结构的认识,原子有核模型建立时,只肯定了原子核的存在,并不知道核外电子的具体情况。在探索原子核外结构方面,原子光谱发挥了重要的作用。因为实验发现不同元素的原子都有自己的特征谱线,每一条原子谱线均对应有确定的波长或频率,原子光谱呈现出的规律反映了原子结构的重要信息。而氢原子是最简单的原子,所以研究氢原子的光谱尤其重要。图6.28所示是氢原子在可见光范围内的线状光谱。实验上测得它们的波长分别是656.3 nm,486.1 nm,434.1 nm,410.2 nm。波长数值看似互

不关联,但物理学家巴耳末却对此总结出一个简单的经验公式,称为巴耳末公式,即

$$\lambda = B\,\frac{n^2}{n^2-4}\quad(n=3,4,\cdots),$$

其中 B 约为 364.5 nm。巴耳末系的谱线在可见光区,这在天文学中特别有用,因为巴耳末系的谱线出现在许多天体的现象中,而且氢在宇宙中的丰度,使它总是比共同存在的其他元素谱线更容易看到。巴耳末公式的准确性和简明性,促使人们猜想,除了巴耳末系以外,还可能有氢原子光谱的其他线系。之后,莱曼系、帕邢系、布拉开系、普丰德系等原子光谱相继被研究。

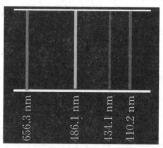

图 6.28　氢原子在可见光范围内的光谱

在 20 世纪初,除了氢原子光谱外,其他原子光谱的资料也越来越丰富。那么这些原子是怎样发射光谱的呢? 这就需要进一步研究原子内部的情况。虽然卢瑟福提出的原子有核模型成功地解释了 α 粒子散射实验,但也遇到了不可克服的困难:经典电磁学理论指出,电子环绕原子核的运动是变速运动,因而不断产生电磁辐射,电子不断损失能量,运动轨道半径不断减小,最终必将落到核上,使原子瓦解。同时,变速运动的电子所辐射的电磁波的频率是连续变化的,这将形成连续光谱,这与原子是稳定的和原子光谱是离散的线状光谱相矛盾。

为了解决上述困难,丹麦物理学家玻尔将普朗克的能量子理论推广到原子系统,并根据原子线状光谱的实验事实,于 1913 年提出了新的原子模型理论,并成功地解释了氢原子光谱。玻尔关于氢原子的理论可以归纳为如下三个假设。

(1) 定态假设:原子中的电子只能在一些半径不连续的轨道上做圆周运动。在每一个确定的轨道上,电子虽做变速运动,但不辐射(或吸收)能量,因而处于稳定的状态,称为定态。相应的轨道称为定态轨道,如图 6.29 所示。

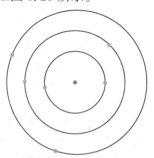

图 6.29　定态轨道

(2) 量子化条件假设:电子在定态轨道上运动时,其角动量 L 只能取 $\hbar$ 的整数倍,即

$$L = m_{\mathrm{e}}vr = n\hbar\quad(n=1,2,\cdots),$$

其中 $\hbar = \dfrac{h}{2\pi}$ 为约化普朗克常量，m_e 为电子质量，n 为量子数。上式称为角动量量子化条件。

（3）频率条件假设：电子从某一定态向另一定态跃迁时，将发射（或吸收）光子。如果初态和终态的能量分别为 E_n 和 E_m，且 $E_n > E_m$，则发射光子的频率为

$$\nu = \frac{E_n - E_m}{h}。$$

上式称为玻尔频率条件。

玻尔根据以上假设，进一步推导出了氢原子的能量公式和氢原子辐射光谱公式。

原子内部能量的量子化，除由光谱的研究可以推得外，还有其他方法可以证明。1914 年，弗兰克和赫兹用电子碰撞原子的方法使原子从低能级激发到高能级，从而证明了能级的存在。

玻尔理论成功地克服了卢瑟福模型和电磁辐射的困难，解决了原子的稳定性问题，从理论上推出了氢原子光谱的实验规律，后经索末菲的发展和推广，还能说明氢光谱的精细结构和碱金属原子的光谱。但是，用玻尔理论解释复杂原子的光谱却显得无能为力，就算是对氢光谱也只能计算频率，而不能解释光谱的强度、光的偏振等问题。这是因为，玻尔理论还没有完全摆脱经典物理学的束缚：在强调经典力学不适用于原子等微观粒子体系的同时，又保留了轨道观念；在引入量子化条件的同时，又采用经典物理的方法计算氢原子系统的定态能量。因此，人们一般将玻尔理论称为旧量子论。尽管如此，玻尔理论首次打开了人们认识原子结构的大门，为量子力学的诞生打下了坚实的基础，它的"定态""频率条件"等假设作为基本概念仍保留在量子力学中。玻尔因为在研究原子结构及原子辐射方面的工作，获得了1922 年的诺贝尔物理学奖。

二、量子力学的发展

我们在前面已经讨论了普朗克的能量子理论、爱因斯坦的光量子理论，以及康普顿效应，它们为解决微观世界的疑难问题做出了很大贡献。玻尔的原子结构模型又进一步完善了量子理论，这些研究表明 20 世纪的物理学研究在光学上纠正了过去只注重波动性而忽略其粒子性的错误。但同时，以玻尔理论为基础的量子理论，也存在着严重的缺陷和不足。面对这样的现实，物理学的发展召唤着新的思想体系的诞生。

1923 年，德布罗意提出了"物质具有波粒二象性"的理论，为量子理论的发展开辟了一条崭新的途径。之后，玻恩提出了波函数的统计解释，并将波与粒子统一到概率波的概念上，成为量子力学的基础概念。1927 年，海森伯进一步提出了不确定性原理，加深了人们对量子本质的认识，促使人类更加深刻地认识微观世界的本质属性。

1. 波粒二象性

德布罗意（见图 6.30）出生于法国，他早先对历史学感兴趣，1909 年获历史学学士学位，他的哥哥（M. 德布罗意）是一名研究 X 射线的著名实验物理学家，和爱因斯坦等素有交往。由于经常听哥哥谈起物理学上的激动人心的进展，他对物理学的兴趣日渐浓厚，最终"决定去搞物理了，也许可以有所作为"。他在跟随著名物理学家朗之万攻读博士学位时，仔

细地分析了光的微粒说和波动说的历史,深入地研究了光量子理论。他想到整个世纪以来,在辐射理论上,比起波动的研究方法,大家过于忽视了粒子的研究方法。那么在实物理论上,是否发生了相反的错误呢? 是不是我们关于粒子图像想得太多,而过分地忽略了波的图像呢?

图 6.30　德布罗意

于是,他在 1924 年,根据"自然界是对称统一的,光与实物粒子应该有共同的本性"的思想,在其博士论文《量子理论的研究》中,大胆地提出了"实物粒子也具有波粒二象性"的概念及实验验证思路。德布罗意的导师朗之万将他博士论文的副本寄给爱因斯坦看,爱因斯坦对此十分赞赏,并回信称"他掀起巨大帷幕的一角。"同时还将德布罗意的工作向洛伦兹通报,说"M. 德布罗意的弟弟做了一项很有意义的工作来尝试解释玻尔-索末菲的量子规则。我相信,这是为我们物理之谜中最棘手的一个谜带来了第一道微弱的光芒。"爱因斯坦在普鲁士科学院的报告中说明,德布罗意的物质波假设支持了玻色和他本人的量子统计学。正是因为爱因斯坦的宣扬,德布罗意的工作在物理学界广为人知。

德布罗意提出:质量为 m、速度为 v 的自由粒子(不受外界任何作用),一方面可以用能量 E 和动量 p 来描述它的粒子性,另一方面也可以用频率 ν 和波长 λ 来描述它的波动性。它们之间的大小关系与光的波粒二象性所描述的关系一致,即实物粒子的波粒二象性关系为

$$E = h\nu, \quad p = mv = \frac{h}{\lambda}。$$

以上公式称为德布罗意公式。 这种和实物粒子相联系的波叫作德布罗意波,也称为物质波。

对于自由粒子,其能量和动量均为常量,所以由德布罗意公式可知这种物质波的频率与波长均不变,即与自由粒子对应的物质波是平面简谐波。

需要注意的是,当粒子的速度极大时,其质量、能量、动量必须采用相对论公式计算。

1927 年,实验物理学家戴维孙和汤姆孙分别用 X 射线获得电子在晶体上的衍射图样,证实了电子的波动性,如图 6.31 所示。因为此贡献,德布罗意 1929 年获得了诺贝尔物理学奖,开创了以论文获诺贝尔物理学奖的先例,戴维孙和汤姆孙则分享了 1937 年的诺贝尔物理学奖。

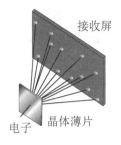
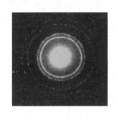

图 6.31　电子衍射实验

后来,电子的单缝、双缝、多缝衍射等实验,得到了明暗相间的条纹,更加有力地证实了电子的波动性。质子、中子、原子和分子等微观粒子的波动性也陆续得以证实。

电子的波动性有很多重要应用。例如,鲁斯卡在 1931 年利用电子的波动性研制成了电子显微镜,1981 年宾宁和罗雷尔制成了扫描隧穿显微镜。高速电子的波长比可见光的波长短,因而电子显微镜的分辨本领很高。

2. 不确定性原理

根据经典力学理论,质点的运动都有一定的轨道,在轨道上任一时刻质点都有确定的位置和动量。在经典力学中也正是用位置和动量来描述质点在任一时刻的运动状态。对于微观粒子则不然,由于波粒二象性,在任一时刻粒子的位置和动量都有一个不确定量,即对于微观粒子,我们不能同时测出其确定的位置和动量。这一现象称为不确定性原理。我们可以借助电子单缝衍射实验来粗略地推导不确定性原理。如图 6.32 所示,设单缝宽度为 Δx,通过此单缝的动量大小为 p 的电子发生衍射而在屏上形成衍射条纹。对单个电子而言,无法确定它从缝中哪一确切的位置通过,而只能确定它是从宽为 Δx 的缝中通过的,因此它在竖直方向位置的不确定量就是 Δx。根据单缝衍射暗纹条件和德布罗意公式,沿 x 方向动量的不确定量 Δp_x 与 Δx 的关系为 $\Delta x \Delta p_x \geqslant h$,这说明电子的位置不确定量与动量不确定量的乘积大于普朗克常量,它是波粒二象性的表现。上述公式可作为这种不确定关系的估算式。

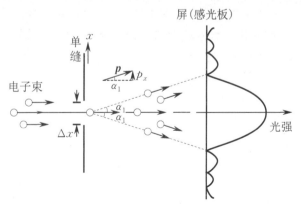

图 6.32　不确定性原理

1927 年,海森伯给出了不确定关系的准确表达式,它的推导在专门的量子力学教材中均有介绍,这里只给出结论。

海森伯对不确定关系的表达是:微观粒子不能同时具有确定的位置和动量,在同一时刻,位置的不确定量 Δx 与该方向动量的不确定量 Δp_x 的乘积关系为

$$\Delta x \Delta p_x \geqslant \frac{\hbar}{2},$$

其中

$$\hbar = \frac{h}{2\pi} \approx 1.054\,6 \times 10^{-34}\ \text{J} \cdot \text{s}.$$

上述公式就是位置坐标和动量的不确定关系,该原理称为不确定性原理。它说明粒子的位置坐标不确定量越小,则同方向上的动量不确定量越大。同样,若某方向上动量的不确定量越小,则此方向上粒子位置的不确定量越大。总之,这个不确定关系告诉我们,在测量粒子的位置和动量时,它们的精度存在着一个不可逾越的限制。除了坐标和动量的不确定关系外,对粒子的行为说明还常用到能量和时间的不确定关系。

不确定关系说明,用经典方式来描述微观客体是不可能完全准确的,经典模型不适用于微观粒子。借用经典手段来描述微观客体时,必须对经典概念的相互关系和结合方式加以限制,而不确定关系就是这种限制的定量关系。在所研究的问题中,如果不确定量是可以忽略的小量,则该问题可用经典力学处理,否则要用量子力学处理。

不确定关系确立之后,解决了很多科学谜题,如霍金用它解释了为什么黑洞具有辐射。海森伯因在量子力学方面的贡献获得 1932 年的诺贝尔物理学奖。

3. 波函数与薛定谔方程

量子力学理论的建立是通过两条道路完成的。沿着物质波概念继续前进并创立了波动力学的是物理学家薛定谔(见图 6.33)。在薛定谔研究热力学统计问题期间,他通过爱因斯坦的一篇报告,了解到德布罗意的物质波概念,他立刻理解了物质波的观点。1925 年,薛定谔做了一个关于物质波的学术报告,会议主持人德拜指出:对于波,应该有一个波动方程。不久,薛定谔向世人公布了这个波动方程,它在量子力学中的地位和作用相当于牛顿第二定律在经典力学中的地位和作用,但与实验不太符合。后来,他改用非相对论性的波动方程,该方程与实验证据非常吻合。波动力学就此诞生了。

图 6.33 薛定谔

海森伯提出的不确定性原理,创立了解决量子波动理论的矩阵方法。后来,玻恩、狄拉克等人将其发展为系统的矩阵力学理论。

波动力学和矩阵力学的支持者们一开始互相怀疑对方的理论有缺陷,直到 1926 年,薛定谔惊奇地发现这两种理论从数学上居然是完全等价的,方才将波动力学和矩阵力学这两种理论统称为量子力学。因为薛定谔的波动方程更容易被物理学家掌握,所以成了量子力学的基本方程。

量子力学至此成功建立了,剩下的是其物理解释问题,一时间却众说纷纭。薛定谔方程中的波究竟是什么,就是其中争议的焦点之一。薛定谔本人认为,它就是一种物质波,而其粒子性只是波的某种密集,即"波包"。玻恩则认为,电子的基本属性是粒子性,其波函数是指电子在某时某地出现的概率。1927 年,海森伯提出了微观领域中的不确定关系(如前所

述）。玻尔敏锐地意识到它正表征了经典概念的局限性，因此以之为基础提出了互补原理，认为在量子领域里总是存在互相排斥的两套经典特征，正是它们的互补构成了量子力学的基本特征。玻尔的互补原理被称为正统的哥本哈根解释，但爱因斯坦不同意。爱因斯坦始终认为统计性的量子力学是不完备的。爱因斯坦声称，他深信"上帝"不是在掷骰子，引发了科学史上罕见地持续了近半个世纪的爱因斯坦-玻尔争论，但今天的物理事实和理论都告诉我们，"上帝"不仅会掷骰子，而且会把骰子掷到意想不到的地方去。爱因斯坦错了，但在他和玻尔数十年的争论中推动了哲学和物理学的发展。

新一代扫描隧穿显微镜

人类对微观世界的探测经历了漫长的历史岁月，普通的光学显微镜（第一代显微镜）只能观察到细胞大小的量级。作为显微镜的第二代产品，电子显微镜通过电子束在被观察物体上的衍射成像，并经过电场和磁场的聚焦作用，能够显示出物质材料的结构图像。20世纪 80 年代，显微技术出现了新的革命，产生了以扫描隧穿显微镜（STM）为代表的新一代显微镜。1981 年，美国 IBM 公司设在瑞士苏黎世研究实验室的两位科学家宾尼希和罗勒利用量子力学隧穿效应的基本原理研制成功了世界上第一台扫描隧穿显微镜，这种新式显微镜的分辨率可以达到 1.0×10^{-10} m。STM 的发明为人类探索微观世界提供了强有力的工具，它对物理学及相关科学技术领域的发展产生了巨大的推动作用。因此，1986 年的诺贝尔物理学奖授予了宾尼希和罗勒，以表彰他们在发展扫描隧穿显微学方面的巨大贡献。

一、STM 的原理简介

将两块平行放置的相同导体平板电极用一非常薄的绝缘层隔开，并在两极板之间施加一直流电压 U_T，则在绝缘层区域将形成势垒。负电极中的电子可以穿过绝缘层的势垒到达正电极，形成隧穿电流。根据量子力学知识，可以证明，这种情形下的隧穿电流密度具有如下形式：

$$J_T \propto U_T \exp(-A\sqrt{\overline{\varphi}}\, l),$$

其中 U_T 为所加直流电压；l 为势垒区宽度；$\overline{\varphi}$ 为势垒区的平均高度；A 为一个与电子电荷 e、质量 m 和普朗克常量 h 有关的量，$A = \sqrt{\dfrac{meh^2}{2}}$。由于 J_T 与 l 是指数关系，因此隧穿电流密度对绝缘层厚度的变化非常敏感。l 改变 0.1 nm，就可以引起隧穿电流密度 J_T 好几个数量级的变化，这是 STM 具有高精度的基本原因。

若以待测的导体（或半导体）样品作为一电极，另一电极为一做成针尖状的探头，并在探头和样品之间充以绝缘性的气体、液体或保持真空，则可以测量探头和样品表面之间形成的隧穿电流。测量时，使探头在样品上方表面逐点扫描，就可测得含有样品表面各点信息的隧穿电流谱。经过电路和计算机对信号进行处理后，在显示终端的荧光屏上就可以显示出样品表面的原子结构等情况，并可以利用绘图仪等输出设备打印出表面图像或拍摄照片。

图 6.34 所示就是用 STM 得到的表面原子排列情况的图像,相当于 1 000 万左右的放大倍率!

 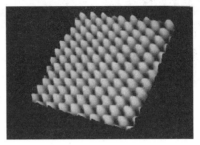

(a) 硅表面硅原子的排列　　　　　　　　(b) 砷化镓表面砷原子的排列

图 6.34　表面原子的排列

二、STM 的基本结构

STM 的结构可分为三大部分:显微镜探头、电子反馈和控制单元、计算机和图像显示系统,其系统框图如图 6.35 所示。探头及其平面扫描机构、样品与探头的间距调节机构、消振系统是 STM 主体的关键部件。

探头的粗细、形状对 STM 图像的分辨率有很大的影响。为了保证 STM 的实际分辨率达到原子线度的量级,探头越尖锐越好,最好其尖端只有一个原子,这样测出的隧穿电流是针尖处的单个原子与样品表面极小区域内少数的原子之间形成的隧穿电流,可以很好地反映出样品表面各原子排列的细节情况。探头材料的化学性质也会对 STM 图像产生影响,探头材料应具有高度的化学稳定性和良好的刚性,所以常用铂-铱合金或钨制作探头。

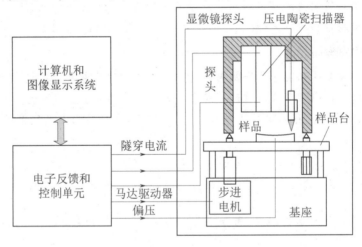

图 6.35　STM 系统框架

STM 的扫描控制系统是采用压电陶瓷原理制成的。图 6.36(a) 是一沿径向极化的圆筒形压电陶瓷管,其外部有 4 片相互绝缘的电极,每片电极呈 $\frac{1}{4}$ 个圆筒壁形状。当外电极与陶瓷内壁之间加有电压时,由于压电陶瓷具有电致伸缩效应,陶瓷的长度会发生细微的伸长或收缩,如图 6.36(b) 所示。因此,可以控制探头的高度。若内电极接地,在两个相对的外电极上分别施加两个大小已知、极性相反的电压,则压电陶瓷的两侧就会分别伸长和收缩,引起压电陶瓷管的弯曲,从而实现探头在该方向上的细微移动,如图 6.36(c) 所示(仅为示意,实际形变量很小)。通常情况下,上述扫描装置在空间三个方向上的位移最大可达到 10^{-6} m,而最小位移(位移精度)可达 $10^{-10} \sim 10^{-11}$ m。配合样品台的移动,可以完成较大样品的探测。

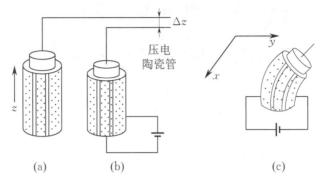

图 6.36　扫描控制系统

三、STM 的工作模式

STM 具有多种工作模式,一种常用的工作模式是恒电流模式,即让探头安放在控制探头与样品之间距离的压电陶瓷上,调节该压电陶瓷的电压,使探头在扫描过程中随样品表面的高低上下移动,保持隧穿电流不变,通过记录压电陶瓷上的电压信号即可了解样品的表面情况。

如果被测样品的表面比较平整,也可以采用恒高度模式,即使探头始终保持一定的高度,通过测量各点的隧穿电流变化的情况,了解样品的表面情况,获得与之相关的表面附近的电子状态等信息。

四、STM 的应用

STM 在表面科学、材料科学、生物学等方面具有广泛的应用,在工业上也很有应用价值。例如,在产品微加工过程中,可以利用 STM 的探头与材料表面的接触对产品表面直接刻写。此外,还可以进行单原子操作。下面我们对单原子操作做一简单介绍。

在 STM 装置中,探头与样品间总是存在着一定的作用力,即静电力和分子间作用力。调节探头的位置和偏压就有可能改变这两个作用力的大小和方向,而沿着表面移动单个原子所需的力比使该原子离开表面所需的力小,通过调节探头的位置和偏压,就有可能利用探头来移动吸附在材料表面上的单个原子,又不使它离开表面,最终使表面上吸附的原子按照一定的规律进行排列,这就是单原子操作。

1990 年,美国 IBM 公司的研究人员首先应用 STM 技术使金属镍(Ni) 表面上吸附的氙(Xe) 原子形成了整齐的排列。实验是在极度高真空环境和极低的温度下进行的。让暴露在氙气环境中一段时间而吸附有零乱的氙原子的镍样品表面接受 STM 的扫描,当探头扫描至某一氙原子上面时,停止移动,然后调节 STM 的工作状态,这时 STM 的控制系统驱动探头,使得该氙原子移动。经过长时间的操作,终于将 35 个氙原子排列成了"IBM"字样,成功地实现了原子级字母书写(见图 6.37)。此外,利用 STM 还可以实现材料本身结构原子的移动。1994 年,中国科学院的科研人员利用 STM 在硅单晶表面上直接取走硅原子,形成了在硅原子晶格背景上的书写文字。这种原子移植技术可以说是原子结构制造技术的起步。

图 6.37　原子级字母

五、原子力显微镜

由于隧穿电流的产生需要具有两电极,因此,STM 主要适用于对导体和半导体表面的研究,对绝缘体表面不能直接测量。为了解决上述不足,1986 年,宾尼希等人在 STM 的基础上又发明了原子力显微镜(AFM)。它可利用探头与样品之间的原子力(引力、斥力)随距离的变化,测量样品表面的形貌、弹性、硬度等性质,对各种材料均适用。

图 6.38 所示是 AFM 探测部分的结构示意图,它的探头与一个可振动的悬臂连接在一起。当探头与样品表面距离很近时,它们之间存在分子间作用力等。如图 6.39 所示,当探头与样品表面距离 $r < r_0$ 时,此力为斥力;当距离 $r > r_0$ 时,此力为引力。AFM 的悬臂通常用劲度系数极小的弹性材料制成,以保证它对探测到的力的变化具有极强的敏感性。悬臂位置的细微变化可用激光束偏转反射方法放大,探测到的反射光信号输入后续信号处理与反馈系统,以控制 AFM 的测量过程,输出反映表面直接信息的图像和数据。AFM 探头的形状一般不像 STM 那么尖锐,因为虽然尖锐的 AFM 探头有利于提高测量精度,但它与样品表面有效作用面积小,测得的分子间作用力太弱,对测量不利。因此,通常 AFM 的探头做成圆锥体状,锥体的底面半径为微米量级。

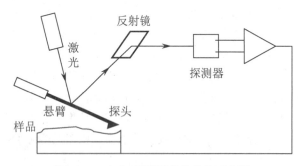

图 6.38　AFM 探测部分的结构示意图

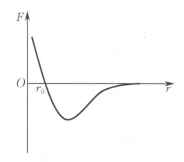

图 6.39　探头与样品原子之间的作用

AFM 在工作时,悬臂不仅在样品表面扫描,而且可在外加驱动力的作用下做一定频率的振动,悬臂的共振频率与悬臂及其末端部分的质量有关。当驱动力的频率低于悬臂的共振频率时,其振动相位与驱动力的振动相位相同,当频率进一步增大时,除了会产生共振现象外,悬臂的振动与外加信号的相位相比,会有 $0 \sim \pi$ 的滞后。根据悬臂工作状态的不同,可将 AFM 的工作模式分为两大类,即静态工作模式和动态工作模式。静态工作模式是指悬臂不受外加驱动力的调制,不产生振动。当 AFM 以静态工作模式工作时,探头与样品表面之间的距离处于图 6.39 中 $r < r_0$ 的区域,即斥力的区域。由于这时探头尖端原子和样品表面之间的距离一般小于 $0.03\ \mu m$,探头与样品表面原子的电子云发生部分重叠,因此可以用来测量和分析原子间的近程相互作用和电子态,当然也可以用来测量样品表面形貌和结构。当 AFM 以动态工作模式工作时,安装在悬臂上的压电陶瓷被高频电压驱动,带动悬臂一起振动,这时悬臂和样品之间需保持较大的距离(约毫米量级),所以动态工作模式是非接触模式。通过改变振动频率,使悬臂的振幅受到调制,测量振幅的变化,就可获得有关相互作用力大小的信息。测量振幅变化的方法,通常以光的干涉原理为基础。

与 STM 一样,AFM 在电子工业和理论研究等领域具有广泛的应用。例如,在半导体晶片制造过程中,需要进行化学机械抛光,而抛光过程中就可以运用 AFM 方法进行监控和优化。又如,利用 AFM 可以获得原子级分辨率的固体表面图像。

科学的发展日新月异。除了 STM 和 AFM 以外,光子的隧穿效应与光纤技术的结合还带来了光子扫描隧穿显微镜,这对人类探索奇妙无比、充满神奇色彩的微观世界,必将产生巨大的影响。

参 考 文 献

[1] 张三慧. 大学物理学:力学、热学[M]. 4版. 北京:清华大学出版社,2018.

[2] 张三慧. 大学物理学:电磁学、光学、量子物理[M]. 4版. 北京:清华大学出版社,2018.

[3] 程守洙,江之永. 普通物理学:上册[M]. 7版. 北京:高等教育出版社,2016.

[4] 程守洙,江之永. 普通物理学:下册[M]. 7版. 北京:高等教育出版社,2016.

[5] 刘阳,吴涛. 大学物理学:上册[M]. 北京:北京大学出版社,2021.

[6] 俎凤霞,汤朝红. 大学物理学:下册[M]. 北京:北京大学出版社,2022.

[7] 施大宁. 文化物理[M]. 北京:高等教育出版社,2011.

[8] 东南大学等七所工科院校. 物理学:上册[M]. 7版. 北京:高等教育出版社,2020.

[9] 东南大学等七所工科院校. 物理学:下册[M]. 7版. 北京:高等教育出版社,2020.

[10] 倪光炯,王炎森,钱景华,等. 改变世界的物理学[M]. 4版. 上海:复旦大学出版社,2015.

[11] 卡约里 F. 物理学史[M]. 戴念祖,译. 北京:中国人民大学出版社,2010.

[12] 张汉壮,倪牟翠,王磊. 物理学导论[M]. 4版. 北京:高等教育出版社,2022.

[13] 马贺,王威. 大学物理基础教程[M]. 北京:科学出版社,2021.

[14] 胡承正. 大学文科物理[M]. 武汉:武汉大学出版社,2016.

[15] 张世全. 文科物理教程[M]. 北京:电子工业出版社,2010.

[16] 吴大江,呼中陶. 文科物理学教程:物理概念与科学文化素养[M]. 北京:北京师范大学出版社,2010.

[17] 宋峰. 文科物理:生活中的物理学[M]. 北京:科学出版社,2013.

[18] 何国兴,张铮扬. 文科物理[M]. 2版. 上海:东华大学出版社,2015.

[19] 万雄,余达祥. 大学物理:上册[M]. 北京:科学出版社,2012.

[20] 万雄,余达祥. 大学物理:下册[M]. 北京:科学出版社,2012.

[21] 申兵辉. 大学物理学:上册[M]. 北京:清华大学出版社,2017.

[22] 申兵辉. 大学物理学:下册[M]. 北京:清华大学出版社,2017.

[23] 余虹. 大学物理学[M]. 4版. 北京:科学出版社,2017.

[24] 倪光炯,王炎森. 物理与文化:物理思想与人文精神的融合[M]. 3版. 北京:高等教育出版社,2015.

[25] 施大宁. 当爱因斯坦遇见达·芬奇[M]. 北京:高等教育出版社,2016.

[26] 吴国盛. 科学的历程[M]. 4版. 长沙:湖南科学技术出版社,2018.

[27] 霍布森. 物理学的概念与文化素养:第四版:翻译版[M]. 秦克诚,刘培森,周国荣,译. 北京:高等教育出版社,2008.